以色列

科技强国利器：

塔皮奥特传奇

【美】杰森·格维尔茨（Jason Gewirtz）著 张伦明 译

ISRAEL'S EDGE

The Story of The IDF's Most Elite Unit — Talpiot

上海交通大学出版社
SHANGHAI JIAO TONG UNIVERSITY PRESS

内容提要

本书讲述了以色列精英在塔皮奥特部队里成长的故事。以色列有个军事教育基地名为塔皮奥特（Talpiot）。被挑选入这支部队的士兵不要求像普通士兵那样战斗。相反，他们被要求学习科学知识。他们的老师是世界上数学、物理和计算机科学领域里的一些顶尖人物。塔皮奥特的终极目标是造就具有强大的军事和科学背景的士兵，该部队的毕业生累积大量知识，不断创新。离开部队以后，塔皮奥特战士成为以色列经济的中坚力量，在以色列国内外创造了数千亿美元的财富及大量工作岗位，成立了一批世界著名企业，极大地帮助了以色列取得在战场上和在全球商业领域的优势。

图书在版编目（CIP）数据

以色列科技强国利器：塔皮奥特传奇／（美）杰森·格维尔茨（Jason Gewirtz）著；张伦明译. —上海：上海交通大学出版社，2019
ISBN 978－7－313－20977－1

Ⅰ. ①以⋯　Ⅱ. ①杰⋯　②张⋯　Ⅲ. ①科学技术一技术史－研究－以色列　Ⅳ. ①N093.82

中国版本图书馆 CIP 数据核字（2019）第 039889 号

以色列科技强国利器：塔皮奥特传奇

著　　者：［美］杰森·格维尔茨		译　　者：张伦明	
出版发行：上海交通大学出版社		地　　址：上海市番禺路 951 号	
邮政编码：200030		电　　话：021－64071208	
印　　制：苏州市越洋印刷有限公司		经　　销：全国新华书店	
开　　本：880 mm×1230 mm　1/32		印　　张：8.25	
字　　数：153 千字			
版　　次：2019 年 4 月第 1 版		印　　次：2019 年 4 月第 1 次印刷	
书　　号：ISBN 978－7－313－20977－1/N			
定　　价：68.00 元			

谨以此书献给：

我的父亲，我所认识的最受人尊敬的人
我的母亲，我所认识的最无私的人
我的哥哥，我所认识的最坚强的人
我的妻子，我所认识的最体贴并且最棒的人
我的两个女儿……做你们自己想做的人，但是要做好人并且做好事
所有过去和未来的塔皮奥特毕业生，以及所有在以色列军队服役的人
你们不仅保卫了一个国家的边疆，也保卫了一个民族。

前言 | *Foreword*

　　每年约有五万名以色列人达到入伍年龄。以色列国防军人力资源办公室的工作人员每年都指引着适龄男女青年们走向不同的方向。

　　去坦克部队、步兵部队、空军部队、海军部队、炮兵师;去为教育贫困青年而设计的特别部队;去先锋部队、工程部队、情报部队。部队名称多得不可胜数。男青年至少服役三年,女青年至少服役二十个月。

　　这是个也许比世界上任何国家更需要一支强大战斗部队的国家。军队在这个国家里受到年轻人的崇拜。在他们入伍前的几年时间里,有上进心的以色列青少年开始抢占有利位置,提高他们在高中的成绩,为以色列国防军特种部队入伍考试做准备。为了收到他们自己看中的部队的入伍邀请,数千名以色列青年甚至报名参加体能训练和入伍前的私人培训,为参加以色列国防军的严格体能测试做好准备。

　　从前是以色列空军首先从这些有才华的男女青年中挑选人才。他们需要最聪明和身体最健康的人来驾驶复杂的战斗机、大型运输机、全副武装的攻击直升机——构成以色列空军骄人的战斗力量。拒绝加入空军的人极为罕见,正如美国男孩子们都梦想成为棒球明星一样，许多以色列的男孩子们都希望长大后驾驶F16 战斗机来为他们的国家效力。

如果你的目标不是加入空军，或者你的视力不够完美的话，另一个高度理想的地方是以色列著名的精锐突击部队，如总参谋部侦察部队或伞兵部队，穿着独特的红色靴子，向人们展示你是多么强壮，多么一心为自己的国家效力。

但是，在 1979 年，有些事情开始发生变化。虽然空军和先进地面部队仍然是而且将永远是以色列青年优先考虑的重点，但另一支部队，一支秘密部队，取代其他部队而占据了以色列国防军的头等重要位置。

被挑选加入这支部队的士兵并不被要求能像普通士兵那样战斗。相反，部队要求他们学习。他们被选拔参加一项竞争超级激烈、异常艰苦，以及节奏飞快的计划，旨在为他们提供最好的教育和军事训练。

他们的老师是世界数学、物理和计算机科学领域里的一些顶尖人物，以及来自以色列陆军、海军和空军的一些顶尖战略领袖。其终极目标是造就具有强大军事和科学背景的士兵，把他们训练成与世界上任何人的思维方式都不相同的人。

他们不像其他士兵那样在以色列国防军服役三年或二十个月。他们要服役整整十年。由于该计划训练强度极高，几乎有四分之一头脑聪明的入选者无法坚持完成该训练课程。

该部队的毕业生需要积累大量知识，并将其知识直接应用于帮助建设以色列的威慑盾，帮助以色列的情报部门，并且使陆军、海军和空军在任何冲突中更加强大。

这个小规模精选小组肩负着改变以色列的作战方式的期望。这个国家指望他们通过发展未来的武器和军事装备来为以色列国防军造就一个永久优势。

自从该部队成为以色列国防军的一部分以来，没有任何其他的士兵团体对以色列——以色列的防卫学说，如何发展以色列的武器，以及如何使用它们，产生过如此深刻的影响。

这些特殊的毕业生给以色列带来的军事优势并没有因他们结束军队服役而终止。那些离开军队的人常带着他们为以色列国防军所做的一切，将其应用于以色列经济领域，在以色列国内外创造了数千亿美元的财富和数以万计的工作岗位。他们极大地帮助了以色列取得在战场上和在全球商业领域的优势。

这就是他们的故事，塔皮奥特（Talpiot）的故事。

目录
Contents

第 *1* 章
变革的破坏性力量

1973 年 10 月，"消息来源"告诉他在伦敦的摩萨德操控者，以色列和阿拉伯邻国之间的战争迫在眉睫。他以前出过错，但从叙利亚和埃及边境的所有其他迹象来看，这有可能是货真价实的消息。

从英国到以色列的特工们正热火朝天地逐级向摩萨德局长兹维·扎米尔报告。他立即飞往伦敦，与"消息来源"见面——一名现在被认为是阿沙夫·玛湾的男子，埃及前总统贾迈勒·阿卜杜·纳赛尔的女婿。摩萨德和以色列的其他情报机构对"消息来源"有怀疑，怀疑他是双重间谍。直到今天，真相尚未被披露出来。

兹维相信这些信息是可靠的，并希望以色列的战争机器的车轮开始向前推进。

他说服了以色列总理果尔达·梅厄和国防部长摩西·达

扬，使其相信以色列即将遭受袭击。

尽管有这些重要信息，以色列的领导层还是决定不采取行动——担心它将被指责为打响第一枪，并且以色列将因此失去美国的关键支持。美国国务卿亨利·基辛格警告过包括总理梅厄在内的以色列领导人，如果爆发战争，以色列最好确保战争不是自己发动的。

10 月 5 日中午，以色列军事情报报告说："埃及人打算再次开战的可能性很低。我们对叙利亚意图的估计没有变化。"

1973 年 10 月 6 日是赎罪日，犹太历第 5734 年提斯利月的第十日。在下午 2 点，埃及对以色列发动攻击。几分钟后，叙利亚也如法炮制开始进攻以色列。

当埃及越过自 1967 年以来作为埃及与以色列之间军事分界线的苏伊士运河开始进攻时，以色列被打得措手不及。在运河的埃及一侧的高音喇叭里发出的"Allahu akbar! Allahu akbar!"的叫喊声中，埃及跨越运河的前进速度加快。驻扎在巴列夫防线的以色列军队，是 1967 年战争之后建设的对埃及"牢不可破的防卫"的防线，准备着保卫他们的生命和国家免受攻击。对于许多被困在巴列夫防线上的以色列人来说，这将是他们的最后一天。

在北部，叙利亚坦克纷纷越过标志着六年前建立的停火线边界。叙利亚突击队被用直升机运送至 1967 年被以色列占领的黑门山（Mount Hermon）。叙利亚战斗机和轰炸机一个批次接着一个批次地飞来，轰炸以色列的软硬目标。

从以色列北端的戈兰高地到南部的西奈半岛沙漠,到处一片混乱。战地指挥官拼命试图阻止南北敌人的同时推进。

耶路撒冷的政府领导人大为震惊,以至于哑口无言,更糟糕的是无所作为,而特拉维夫的军队领导人最初则把袭击的报道视为夸大其词。他们无法相信他们的阿拉伯敌人能够发动如此迅速和有效的入侵。仅仅在几年前,难道不同样是这些以色列军官出色地彻底击败了六支阿拉伯军队吗?国防部长摩西·达扬,该国最高级别的军官,让他最亲密的顾问相信没有问题;局势已得到控制,以色列国防军将迅速扭转局面。

在这个犹太历中最神圣的日子,警报响彻以色列。几乎所有的以色列人,无论信教与否,都会放下工作,参加犹太教会堂的礼拜、祈祷和沉思来纪念赎罪日。不知所措的以色列人从他们的家和会堂里匆匆走出来。他们聚集在收音机旁等待消息,焦急地等着听那些将指示预备役部队战士到何处集合的代码。

(以色列军方高级将领一直声称需要 48 小时来调动预备役军队,这是以色列军队的骨干力量。情报机构也一直承诺,提前 48 小时发出通知将不会有问题。事实是大错特错。)

以色列预备役军人和志愿者们征用小汽车和公共汽车,搭便车。超过服役年龄的公民匆忙安排合伙乘车,送士兵们到数百支部队奉命集结待命的地方去。

随着以色列的混乱加剧,交通堵塞,以色列接近恐慌状态。

而埃及和叙利亚则接近实现他们在计划里为自己设定的第一天的目标，这个计划导致了这场阿拉伯语所称的"十月战争"。

在战斗打响后的48小时里，以色列在战场上遭受了空前的损失，政治领导层正在艰难地面对事态的转折。令人警醒的情报到达摩西那里，详细报告了惨重损失和被占领的以色列阵地。摩西的信心蒸发了。

埃及此时有数以百计的坦克和数以千计的部队陈列在苏伊士运河靠以色列的一侧，仅仅在几天前这还是不可想象的局面。在北方，叙利亚继续往前推进着。叙利亚的坦克逼近一个平原的边缘，直逼海法和以色列海岸的其余的地方。

当摩西终于意识到他的国家面临的危险程度时，他向他的内部圈子和政府的其他高级官员做了对该局势令人不寒而栗的评估。在他史诗般的著作《赎罪日战争》中，亚伯拉罕·拉比诺维奇（Abraham Rabinovich）描写了一场关于达扬和以色列报纸编辑之间的非公开会议，试图坦诚地告诉国民当时的局势。消息人士告诉拉比诺维奇·达扬说："以色列可能被迫撤退到西奈半岛深处……世界上的人已经看到我们并不比埃及人更强大。以色列被视为比阿拉伯人更强大，如果埃及开战，以色列将会打败。但他们的光环以及在政治和军事上的优势，在这里并没有得到证明"（原书第270页）。

战战兢兢的摩西准备在当晚向全国人民传递类似的信息。但其中一个报纸编辑担心，这位将军会进一步削弱士气，并使全国每个人都感到恐慌。他与梅厄总理联系，建议她让另一位高级军官向全国人民发表这场演说。

＊　　＊　　＊

以色列何以遭受惨败？当埃及在 10 月 6 日开始发动突袭时，只有十几辆以色列坦克保护着从西奈半岛直接通往特拉维夫的道路。以色列——强大的以色列，曾经在 1967 年"六日战争"中如此彻底地击溃了它的敌人，为何在仅仅六年后就陷入了如此之低的战备状态？

在"六日战争"结束至"赎罪日战争"开始的几年间，以色列一直在与埃及和叙利亚之间不断进行着消耗战。每天都有来自阿拉伯防线的炮击，目标对准了在 1967 边界的以色列军队以及离这些边界线不远处的居民区，特别是以色列北部。

许多以前曾向以色列提供军火的国家因阿拉伯人的威胁而切断了武器供应。以色列在 1967 年之前的主要武器供应国法国尤其如此。法国人被告知，如果他们向以色列提供武器，阿拉伯人将切断对法国的石油运输。美国虽然接手了一些武器供应，但不是全部，因而以色列没有一个主要武器供应商。

与此同时，阿拉伯国家，尤其是埃及和叙利亚，从苏联得到大批武器供应，因为苏联试图加强其在这个世界上复杂、能源丰富且至关重要的地区里的地位。埃及和叙利亚除了在他们的军队补给方面取得巨大成功外，还在为新武器系统配备人员的训练方面取得了长足进展，并在战略规划上得到迅速提高。

这一切都发生在以色列滋长自满情绪的过程之中。在 1967 年取得巨大胜利后，这个国家仍停留在休养和自满之中；

公民、部队军官和政府都认为以色列绝对不可能被打败。

1973年战争爆发时，这种沾沾自喜的情绪才草草收场。在战斗开始的日子里，以色列损失了49架飞机（相比之下，在整个"六日战争"中也只损失了46架飞机）。至10月下旬"赎罪日战争"结束时，以色列空军力量损失了近五分之一。以色列空军损失的飞机几乎都是被苏联制造的地对空导弹击落的。俄罗斯的导弹是如此精准，以色列的飞行员们称他们为"飞行电线杆"，暗指可能会阻碍低空飞行的喷气式战斗机的电线，即喷气式战斗机低空飞行时很难躲避的电线。

那些苏联地对空导弹是如此新且先进，以至于世界上没有空军能够躲避它们。以色列军方这才震惊地认识到，以色列空军已经不能完全控制领空。以色列的防卫原则是建立在坦克和飞机之上的，但两方面都被阿拉伯人所拥有的新技术彻底击败。

空中防卫并非阿拉伯国家提高了战斗技术的唯一领域。阿拉伯步兵用崭新的便携式AT-3萨格尔有线制导反坦克导弹（俄国人称它们为9K11婴儿导弹）击败了以色列坦克纵队。这些导弹被埃及军队用公文包大小的容器带进了西奈。在10月6日开火前，埃及特种部队带着他们的这些新的致命武器，通过了以色列在苏伊士运河上的前线。

以色列高级司令部对萨格尔有所了解，是从美国在越南的战斗经验中学到的。但以色列高级军官们不相信阿拉伯战士有足够强大的实力或胆量来对抗以色列坦克。他们知道，在一对一的战斗中,以色列坦克手通常都可以击败埃及或叙利亚的对手。以色列的坦克手通常比阿拉伯坦克手受到更好的教育和更好的训练;此外,以色列的坦克更准确,可以从更远的距离开火。

但他们没有考虑到埃及军队使用先进萨格尔导弹的能力,而以色列坦克手们被打得完全措手不及。埃及人偷偷地穿过运河之后展开行动,在沙丘后面躲藏起来,并设置陷阱,轻而易举地诱捕了强大的以色列坦克部队。

军事专家后来证实,"萨格尔导弹操作员会发现,他们容易击中坦克却不容易被坦克击中,且射程范围可与坦克相匹敌"(拉比诺维奇,第 36 页)。以色列的大型坦克成为吸引萨格尔导弹操作员的目标:埃及专家会从超过一英里以外的距离锁定以色列装甲车辆,用致命的精准度发射并摧毁一辆又一辆的坦克。相比之下,以色列人在茫茫沙漠中寻找着萨格尔导弹部队,却很少能找到他们。地面战争的这一新元素,在战斗开始的日子里让以色列损失了几十辆坦克。

在战斗早期的关键时期,还击和对以色列部队增援明显是不可能的。部署在离运河十英里①以外的以色列坦克增援部队,是那些隐藏起来的萨格尔导弹部队轻而易举的猎物。当预备役坦克部队试图沿运河推进至以色列阵地时,以色列的坦克被一辆辆地瞄准并击中。

① 英里:非法定长度单位。1 英里 = 1.609 34 千米。

通信也失败了。战争开始后不到 48 小时，目击者称叙利亚和埃及使用机关枪杀死数十名在战争开始时被俘的以色列人，国防部长摩西发现自己无法联系上地面指挥官。

与此同时，空军正在计划一项行动，试图摧毁埃及的苏制防空高炮。在任务开始前的几分钟，摩西与以色列空军司令本尼·佩莱德联系并将其取消，让所有飞机改变航线前往北部，以阻止叙利亚前进。他的逻辑是，在以色列本土与南部的埃及坦克之间的西奈半岛上只有沙子。在北部，以色列平民即将在叙利亚的攻击范围之内，如果没有空军，那些包括海法在内的人口居住中心，注定要被毁灭。

在 10 月 7 日凌晨 5 点与本尼的对话中，摩西说道："如果我们的飞机到中午还没有发起进攻，叙利亚人将会到达约旦河谷。"然后，摩西第一次使用了一个短语，并且在接下来的日子里重复使用它，让所有听到他说话的人都大为震惊。他告诉本尼，"第三圣殿岌岌可危"（拉比诺维奇，第 175 页）。

对于许多以色列人来说，"第三圣殿"当时是并且现在仍然是代表现代以色列的代号。耶路撒冷的前两座圣殿在远古时期被摧毁：第一座是在公元前 586 年被巴比伦人摧毁，第二座是在公元 70 年被罗马人摧毁。对于许多世俗以色列人以及全世界的犹太人来说，今天的以色列就是"第三圣殿"。

虽然导致以色列在"赎罪日战争"中的早期问题的情报失败存在戏剧性，在战后 40 年的今天，人们仍然会提起它，但该战争并非完全出乎所有以色列人的意料。有些情报官员已经察觉到战争迫在眉睫的迹象。在 10 月 6 日之前的几天里，苏联顾问和外交官们将他们的家人迁出了该国。埃及和叙利亚都在大规模调动部队；大批阿拉伯军队在行动。

还有一些混淆视线的证据表明，集合在前线附近的埃及和叙利亚部队奉命进行"训练"演习。这个想法是将部队转移到阵地，但让以色列间谍和通信窃听人员相信其目的是为了训练，而不是战争。然而，如果进行更仔细的审查，以色列人将会认识到，这些部队实际上根本不是在进行演习：他们是在为入侵做准备。如果这一切还不够，在一次秘密的面对面会谈中，约旦国王侯赛因亲自向梅厄总理发出过直接警告。

在现代战争中，最先开火的一方经常占上风。对于像以色列这样的小国家来说，等待被攻击是特别危险的，以色列国土最宽广的地方只有六十英里，最狭窄的地方大约只有十英里。在任何战争的最初几个小时内，敌人即使稍稍发力，也能把这个国家切断成两半。

当然，梅厄总理知道这一切，但她决定等待，并抱最好的希望而不愿意冒外交反弹的风险，特别是来自美国的反弹。她的军事顾问们（包括受人尊敬的国防部长摩西）一再向她保证，如果战争爆发，以色列将能够像该国在 1967 年所做的那样再次粉碎它的敌人。

三周后，当战斗停止下来并签署停火协议时，以色列公民、政府和军队被一个痛苦的现实唤醒。他们并非是不可战胜的。

2 656 名以色列士兵丧生。另外几乎有 9 000 人受伤。在战争开始后的前 24 小时内,以色列国防军的中坚力量——其强大的坦克部队,在西奈半岛失去了 300 辆坦克中的 200 辆。数十架以色列战机一去不返。

阿拉伯军队不仅赶上了以色列,而且在技术、诡计、战略和作战能力上超过了以色列。以色列还在一个不可饶恕的领域里吃了败仗:他们输了情报战争。

"赎罪日战争"的创伤和对另一场战争可能意味着灭绝的现实,恐惧萦绕在人们心头。在战争的余波中,整个军事机构和政治领导层被迫辞职。在战争结束后的八个月里,总理和国防部长都辞职了。情报机关和以色列国防军中的关键人物也都被开除。

对于一个从大屠杀的灰烬中诞生的国家来说,这样的威胁对公众生活的方方面面都产生了深刻的、瘢痕累累和持久的影响。一个如此规模的国家,被如此众多拥有规模大得多且还有像苏联这样的供应商的军队的敌人包围着,根本不能冒再打一场同样战争的风险。多年来,以色列一直存在貌似安静的紧张状态之下,没有人真正知道如何恢复大多数人在"六日战争"刚结束后感到的那种安全感。

人人都知道,以色列永远也无法与埃及、叙利亚、伊拉克、约旦、黎巴嫩、沙特阿拉伯、伊朗、阿尔及利亚、利比亚和苏丹在军事数字上相提并论。由于数量对比优势将永远对以色列不利,以色列需要一个定性优势,这一点变得比任何时候都更加明显。

在这场毁灭性的"赎罪日战争"之后不久，希伯来大学的两位教授有了一个给以色列在生存上迫切需要（现在仍然需要）的定性优势的想法。他们的目标是用富有开创精神的头脑来重新武装以色列，这是没有任何军队能够打败或压制的武器。这些头脑将为以色列提供领先于世界上任何人的先进武器。

但是这些教授们的想法超越了武器。这一概念也是为了培养那些头脑聪明的年轻人，以新的和更好的方式来监控敌人，并智取它。

这一鼓舞人心的提议不仅是帮助和巩固以色列在下一场战争中的实力。而且他们的创新还给了以色列今天得以保持的国际地位，在1973年赎罪日战争40年之后，以色列在未来几十年将拥有胜过它的敌人的优势。

第2章
塔皮奥特的创始人

　　1973年10月6日当空袭警报响起时，希伯来大学物理教授绍尔·亚兹依夫知道政府绝不会要求在犹太赎罪日进行模拟空袭。一定是发生了什么可怕和不可想象的事情。

　　大多数以色列人听说过来自埃及和叙利亚的威胁，但与政府和军队一样，全国各地的城市、村庄和基布兹（以色列的一种集体社区）的平民对阿拉伯人的意图知之甚少。但是，当赎罪日的寂静被警报声打破时，电台播音员平静而又急切地开始播报那些代码来动员预备役军人，这只会意味着一件事：战争。

　　武装冲突对绍尔来说并不新鲜。他1927年出生于国家建立前的巴勒斯坦，从出生的那一天起，他就曾在战争和突如其来的暴力威胁中度过。在1948年5月以色列宣布独立之后，他在两千年来建立起的第一支犹太军队中服役过。

　　绍尔是希伯来大学的教授，是该大学自然科学系的一员。

1973 年,他正在进行光学激光器和光谱学研究,即物质对辐射能量的反应及反过来辐射能量对物质的反应的研究。

和以色列的其他人一样,绍尔对赎罪日战争及其后果感到震惊。已经四十六岁的他,已经不能够靠当兵打仗发挥作用了。但他有另一个想法,这在未来将能够给以色列一个真正的优势。他知道他需要发展自己的理念,并与他人合作使之成为现实。他想到了菲力克斯·多森教授——在过去五年与之分享了他的研究成果的希伯来大学同事。他们对激光及其未来的潜在的应用重点研究具有很好的前景。

但在 1973 的赎罪日,菲力克斯·多森教授正在远离以色列的混乱的地方。他被从希伯来大学借调到加州大学欧文分校,他个人虽很安全,但颇感焦虑不安。他的家乡受到了攻击,他担心他的家人和朋友。

在大多数国家,受攻击的居民都逃离战火。但是,当以色列爆发战争时,生活在国外的以色列人常常是朝着战场跑去。他们从他们生活、工作或度假的地方回国。1973 年战争爆发时,国际航空公司取消了飞往中东地区的所有飞行服务,唯有以色列航空公司的航班挤满了以色列人,他们急于回家,为家乡提供帮助、服务和参加战斗。

菲力克斯教授在 1973 年几乎五十岁了。国家不需要他去参军了。把飞机座位让给那些尚处在可参战年龄的预备役军人更加重要。他只好滞留在南加州,等待这场战争结束,只能通过阅读报纸和看晚间新闻来紧张地跟踪事态发展。他不得不耐心地等待有关他所爱的人的命运的消息，包括他的儿子尤阿夫，他在十七岁时参军，就在战争爆发前两个月。通常士兵直到十八岁才有资格加入，但由于尤阿夫学习成绩优异且得到父亲书面同意，他获准提早入伍。

他为儿子的爱国主义精神感到骄傲，这是真正的以色列人的标志。与绍尔·亚兹依夫不同，菲力克斯·多森不是在以色列本地出生的。他于 1924 年出生于南斯拉夫萨格勒布，当时名叫菲力克斯·多依奇。

作为一名欧洲犹太人，他在年轻时曾看见生活黑暗的一面。在南斯拉夫被德国人占领后不久，菲力克斯和他的同学们被告知第二天要到森林里去集合，而不是去学校报到。菲力克斯的父亲不允许他去，结果菲力克斯待在了家里。他们后来得知，纳粹和他们的南斯拉夫勾结者们枪杀了他的 400 名同学。

这并非菲力克斯唯一一次死里逃生。后来，他和他的家人一起被纳粹逮捕，但由于家族的富裕关系，他们设法避免了被驱逐到奥斯维辛集中营。在战争结束之前，他一直被非犹太人藏起来，完成了高中学业并开始在萨格勒布大学学习电气工程学。

但是，南斯拉夫的反犹太主义浪潮再度抬头，以及对永远被困在苏联的铁幕背后的现实感到恐惧，促使他的家人趁还有机会时迁移到巴勒斯坦。他们于 1948 年抵达。

反击七个阿拉伯国家入侵的独立战争正在激烈地进行着。从反犹太主义者手中死里逃生的深刻印象，激起了他对新生的犹太国家的高度忠诚。菲力克斯·多依奇加入了军队，通过努力在以色列国防军中升至中校军衔。在 1949 年停火之后,他靠捕鱼勉强糊口,同时在海法的以色列理工学院继续学习工程学和物理学,于 1951 年毕业(以色列理工学院是以色列版的美国麻省理工学院)。

他随即在设在以色列耶路撒冷市的当今著名的拉斐尔先进防御系统公司的前身担任职务。他工作的确切性质仍然是机密,但它涉及为军队发展新式武器的生产、测试和制造。

他将这些经验带到耶路撒冷希伯来大学新的教学和研究的岗位上。希伯来大学是研究人员的吉祥之地,它的创始人之一是著名的物理学家阿尔伯特·爱因斯坦,它还得到哲学家马丁·布伯、精神分析家西格蒙德·弗洛伊德和以色列的首任总统哈伊姆·魏茨曼的支持。该大学自 1925 年开办不久,就与以色列理工学院一起成为巴勒斯坦教育的骨干力量①。

他享受着令人满意的职业生涯,然后到瑞士继续开展他的研究,后来带着他的年轻家庭回到耶路撒冷并在希伯来大学的新物理实验室工作。在那里他研究在民间和军事上有着广泛应用的带电气体和等离子气体。于 1965 年完成博士学位后,他再次上路,接受了坐落在日内瓦的欧洲核研究所担任客座教授的职位。在那里,他专门从事有关磁场、设计和激光器的计算。

---

① 以色列理工学院(Technion)奠基于 1912 年,1924 年招收第一批学院,1925 年学校正式举办开学仪式。希伯来大学创始于 1918 年,于 1925 年落成。1947 年 11 月 29 日联合国通过巴勒斯坦分治的决议,1948 年 5 月 14 日宣布成立以色列国。

在 1967 年那场关键性的"六日战争"结束一年后,他成为希伯来大学拉卡物理研究所的高级讲师,并将他的名字从欧式发音的多依奇改为希伯来语的多森。

菲力克斯教授在 1973 年完成了他在加州大学欧文分校的客座教授的角色之后,回到了家乡的希伯来大学。当他到达时,他发现 1968 年离开时那个充满自信、幸福的国家陷入了危机之中,这让他大为震惊。以色列人对他们的政府和军队失去了信任。这个曾经乐观的国家情绪已经明显变得悲观。

菲力克斯教授想帮助他热爱的以色列重新站起来,问题是他怎么才能够把这样的礼物献给他的国家。他知道答案与研究和教育有关,而不是军事方面,但即使他能想出一个可行的计划,他又怎么能让一台习惯于用坦克和人力打仗的军事机器,听从他的意见呢?

该是恢复与绍尔教授合作的时候了。他们一起开始工作,是从提交给以色列高级军官的一份意见书开始。该意见书指出:"对以色列命运的关切以及在今后战争中竭尽全力减少伤亡人数的愿望促使我们提出一项计划,其中包括在我们现有的研究机构中没有的三个重要建议。"

他们的第一个建议是:坚决承认以色列国必须努力发展在现有国家里不存在的完全创新性武器。这一目标只能通过人类的创造力来实现,这种创造力在人类处于二十多岁较年轻时期达到巅峰。创新能力需要创造性的想象力、广博的知识和深刻的理解,但它可以通过提出挑战和创造活泼和激励性的氛围来得到极大的激发,在那里每一项努力和贡献都会从周围环境中受到鼓励。作为实现这一目标的方法之一,我们建议采取系统和集中手段,发明和发展新式有效武器,在这里新的定义是指没有在其他军队里使用过的武器,即使超级大国的军队也没使用过。该计划的核心必须是建立在最有才华和献身精神的人身上,这些人拥有自然科学和武器技术领域的必要背景[①]。

他们提出的第二个建议是由以色列国防军直接负责该计划和有关人员的安排,特别是以色列空军。

如前所述,空军是以色列国防军最受尊敬的分支。他们只招募新兵中最优秀的人才,即那些可以被托付以色列军火库中最昂贵的武器的人。他们需要数学技能,能够理解高等物理学和航空学,学习成绩优异且具备快速思考能力。

菲力克斯和绍尔的建议之一就是改变这一原则,把最聪明和最有动力的士兵推向他们新构思的计划。

在以色列,由于高中毕业后需要强制服三年兵役,大多数学生直到二十五岁才大学毕业。如果一个学生被招募入塔皮奥特计划,就得服役八年(按照他们的计划规定),他将因此落后于他的同龄人太长时间,使他在整个职业生涯中处于劣势。

因此,他们的第三个建议是允许军校学生获得物理学和数学(以及后来还有计算机科学)理学学士学位,这些学科是从事先进武器系统工作的工程师们在工作中需要用到的。

---

① 以色列国防军档案。

原提案要求军校学员在三年内获得这些学位，而非四年，即给予学习这些科目的普通学生的时间。完成学业后，他们将在军队再服役五年半。

然而，起步并不那么容易。菲力克斯和绍尔需要以色列国防军的高级军官们都站在他们一边，而不仅仅是国防部。他们需要陆军和空军将领、以色列国防军不同分支的其他高级官员以及最重要的总参谋部的支持。

即使像以色列这样小的国家，与高级将领会面也不容易。在 20 世纪 70 年代，军队是以色列最重要的机关，并且许多军官不太想听从教授或平民的建议。

菲力克斯和绍尔花了三年时间来会见高级军官，但屡遭拒绝。这尤其让菲力克斯感到沮丧，因为他与两名以色列将军之间有联系。哈伊姆·巴列夫将军和大卫·埃拉扎尔将军最初都是来自萨格勒布的。两人在过去的战争中都出类拔萃，在"赎罪日战争"期间，大卫是该国最高级别的军官——参谋长。但故乡的乡谊还不足以让菲力克斯进门。

实际情况是，在"赎罪日战争"之后，大卫和所有高级将领都忙于应付自己的烦恼。由最高法院大法官西蒙·阿格哈纳特领导的特别委员会正在对战争中的军事失误进行调查。

该委员会的最终报告于 1975 年 1 月发布，给以色列政治和军事领导层带来了毁灭性的影响。除了果尔达·梅厄之外，包括大卫在内的许多高级军官还有几名他们的高级副手也都被迫离开了军队。

　　新领导层被引入，但是要重建军队的基础设施尚需时日。在领导层变动的同时，以色列国防军的重点是迅速更换战争中丢失的军事装备、坦克和战斗机。在这种混乱局面中，军队中可能没有人会有时间或意愿去关注来自两个局外人的报告。

　　1977 年 4 月，正当该国仍在"赎罪日战争"的后果中茫然不知所措时，以色列工党自 1948 年现代以色列建国以来首次被扫地出门。利库德党领袖梅纳赫姆·贝京领导了反对派几十年，现在轮到他来领导以色列。

　　梅纳赫姆搬进总理办公室并准备做出变革。上任后不到一年，梅纳赫姆的国防部长埃泽尔·魏茨曼，任命拉斐尔·埃坦为参谋长，以色列最高军衔的军官。拉斐尔将军是在"赎罪日战争"开头几天内阻止叙利亚大规模前进有功的以色列军官之一。他在战斗中损失了许多士兵，但他在职业上毫发无损地躲过了这场战争的影响。

　　他出身贫困，但他尊重教育，认为这是改善以色列弱势青年前途的关键。拉斐尔被提升为参谋长，为菲力克斯和绍尔在军队中组建一支接受精英教育的部队的雄心注入了新的生命。

　　他们的想法通过新改进的指挥链传到了拉斐尔将军办公室。众所周知，拉斐尔钟情教育，而且由于军队的结构正在改变，他有额外的动力去尝试新计划，这些项目将在未来几年、几十年和几代人身上开花结果。

　　在 1978 年的某一天，经过多年试图冲破军队障碍的努力，菲力克斯和绍尔终于被要求直接向拉斐尔报告他们的建议。

他们来了,手拿建议书,和这位小个子但气势强盛的将军谈了几分钟。然后让他们在外面的办公室等候。

拉斐尔将军让他的秘书请空军上校本杰明·马赫奈斯立即来他的办公室。本杰明是以色列早期飞行员,因为他非常能干而迅速晋升。在他的飞行生涯结束后,他领导着一所教授空军人员高等物理和航空学的学校。他的直接上级是以色列空军司令本尼·佩莱德将军。

拉斐尔听说过本杰明在空军学校所做的工作。得到他的指挥官佩莱德的许可后,本杰明立即到拉斐尔将军那里报到。他描述了他们会议的过程:"我打开门时发现拉弗尔(拉斐尔·埃坦的昵称)和以色列·塔尔坐在那里等我。塔尔是我们的顶级坦克将军,他发明了梅卡瓦主战坦克……我说:'你好,拉斐尔将军,我是本杰明。'拉斐尔回答说:'我当然认识你。'他甚至没让我坐下。他说:'门外有两位教授。我认为他们有个很好的想法。去做吧。就这些。'"

就在本杰明上校正在接受作为在军队与以色列学术界这一新合作项目中的第一个代表的位置时,绍尔和菲力克斯仍在焦急地等待着。本杰明自己走出办公室,向教授们做自我介绍。然后他告诉他们:"你的项目已经被接受了,我们开始工作吧。"绍尔和菲力克斯面带将信将疑的表情。"这就行了吗?"本杰明说:"是啊。"塔皮奥特的规划阶段就在参谋长办公室外面开始了。

不久之后,艾里尔·沙龙将军被任命为国防部长。他很快就得到有关这个项目最新进展的报告。他告诉本杰明："本杰明,你正在做的这件事是好事。"据本杰明解释说,艾里尔和拉斐尔都不特别热衷于参与这个项目,但双方都愿意在这个项目上冒险。

　　菲力克斯和绍尔教授获得启动授权,要求他们在短短几个月的时间内推出他们的创新方案。有太多的事从未讨论过,许多问题迫在眉睫,需要远见、创造性、实践性和毅力。他们知道,他们将不得不仓促准备来满足这样一个紧迫的最后期限要求,但他们终于进入了筹备阶段。

第**3**章
发现超级战士

　　教授们和本杰明上校必须做的第一件事就是给该计划命名。菲力克斯一直在考虑用什么名字合适,他建议用塔皮奥特。塔皮奥特在希伯来语中有几个意思,但它最普遍的定义是"坚固的堡垒"或"高大的炮塔"。在《圣经·旧约·雅歌》中,塔皮奥特似乎是领导力的隐喻。(许多以色列早期领导人虽然不严格遵守教规,却意识到犹太家园历史性的民族意义,并为他们的新国家与圣经之间的联系感到自豪。直到今天,在以色列的公共场合,引用圣经是司空见惯的现象。)其他人同意使用这个大胆的军事称号。

　　为了在几个月内启动这个计划,他们必须迅速想出一个可行的方案,包括教学大纲、场地、大学合作伙伴、适当的设施、发现和招收学生的方法,以及测试潜在申请人的方法。

　　菲力克斯和绍尔都是希伯来大学的内部知情人,这已经有了一段时间。军方与以色列的几所顶尖大学举行了会谈,其中包括希伯来大学、特拉维夫大学和海法的以色列理工学院。

他们在第一次会谈中遭到断然拒绝。三所大学中没有一所大学愿意让军人进驻校园。塔皮奥特的一位早期领导人开始认为该计划永远不会得到大学的支持。一天,当他和一位在希伯来大学当秘书的朋友谈话时,她问他出了什么问题。他把这个故事告诉了她,她听后不禁大声说道:"你没有找对人!"两分钟后,她与一名希伯来大学副校长尤阿什·威迪亚教授一起回来,他听取了该计划的介绍。他对这个计划大为赞同,迅速采取行动去说服董事会并扩大其范围,让希伯来大学成为这个崭新、神秘和绝密的军队计划的家。这不是第一个也不是最后一个以色列秘书比"专家"更懂得如何建立恰当关系的例子。它似乎嵌入了以色列文化。

在希伯来大学做出该决定之后,后续的内部会议往往是落在对该项目内容及其在学术上是否足够严谨的争论之上。该大学管理者不希望把学位授予那些他们认为不合格的候选人。

有几位将军,包括一些总参谋部的将领,想把塔皮奥特扼杀在摇篮中。他们认为这个计划要花费太多钱,并且太精英化了。

以色列国防军的许多可取之处在于它是该国极好的均衡器。不管你是聪明还是笨拙,富有还是贫穷,你都曾经与你平常可能从来不会接触的人共同在国家的军队里服过役。以色列国防军确实是人民的军队,是个人人都能发挥作用的地方。

那些心怀不满的将军们认为，像塔皮奥特这样的计划，会让这一思想路线成为新气象，他们直言不讳地发出反对声音。

本杰明上校一直为这个计划辩护，"当军队里有人说塔皮奥特没有必要时，我总是直言不讳。无论对方是谁，我都会奋起大声辩护。（我会）说我们的计划很重要，国家需要塔皮奥特。在开始的几年里，我一直在和高级官员们争吵，他们企图压缩我们的预算。我们与他们进行了无数次争论。"

对于许多将军来说，塔皮奥特成为军队的首要任务的想法是令人反感的。他们需要的是战士。他们需要有上进心的年轻人去开飞机和坦克；他们需要地面部队，他们需要从海上保护国家。

塔皮奥特的招募人员被迫占领有利位置，与代表其他精锐部队的代表争抢兵源。发生过内部争斗，也有人使出花招诡计，还有人向潜在的招募对象提供糟糕和相互矛盾的建议。

幸运的是，塔皮奥特的第一任指挥官丹·沙龙，是个不屈不挠的人物。他的战争经历告诉他，在这个想法起步之前，早就需要这样的计划。在"赎罪日战争"的第一天，埃及战机朝着他的基地发射了俄罗斯制造的鲑鱼导弹。鲑鱼导弹是当今巡航导弹的前身，具有高度精确性。丹少校看到在他的基地上，一些预备役步兵想出了一种快速方法来击败和欺骗鲑鱼导弹，他们利用处在类似频率上的以色列雷达系统。"我当时想，这些家伙为什么在这里？他们应该在国防部工作。这时候我明白我们是在浪费资源，需要改善。"

丹是菲力克斯·多森的老朋友。（他们过去常常在星期五见面喝点白兰地。）他非常热切地想帮助菲力克斯,因此当该计划最终于 1978 年被接纳时,菲力克斯邀请他来领导塔皮奥特,丹同意了。他刚在希伯来大学完成了他的博士论文,题目是"思维的发展以及人们如何提高自己的思维能力"。

然而,丹要在塔皮奥特担任职务,军队不得不为他恢复现役军籍。他们立刻这样做了,并授予他更高的中校军衔（斯刚阿陆夫,sganaluf,旅团的执行干事）。

丹在许多地方寻求帮助和建议;他从未有过设立军事部门的经历。本尼·佩莱德,以色列前空军司令,以色列在"六日战争"中击败埃及和叙利亚空军的惊人之举的总设计师,表示他愿意提供服务。丹回忆道:"本尼态度总是非常积极,但同时也很有批评眼光并且谨慎。他总是头脑敏锐。他对我说:'听我说,当你建造一座桥时,你总是留下一个薄弱的地方,如果有必要的话,你可以用一捆炸药从这个地方摧毁这座桥。也许我们犯了一个错误,所以不要忘记:万一这个计划不成功,你需要离开。'"

丹很快发现前面的道路有坎坷起伏,特别是在为塔皮奥特物色他所需要的超级战士的时候。他发现自己在与一支已经存在的计算机和通信窃听精英部队竞争,该部队称为 8200 部队。该部队的招募人员正好活跃在塔皮奥特希望吸引候选人的地方。

"当我们来到这个领域时,我们清楚地意识到,8200 的人已经在那里了，而且已经招募过了……一个不愉快的情况发生了，我决定解决这个问题。有一个情报领域的上校负责训练他们，他名叫萨松·萨哈伊克。起初，他不想和我见面讨论这个问题，但最终还是同意了。我们坐在特拉维夫的哈雷咖啡馆里。我直视着他的眼睛，告诉他这关系到我们的存亡。然后我说：'告诉我，我们争斗有好处吗？我们妥协吧，我们一起去找这些学生，我们会问每个学生他们想要什么。就是这样，如果你发现有一两个恰好适合你的，你把他们招过去就是了。但最终让候选人做他们想做的事情。'就像以色列的许多事情一样，这一非正式交易是以握手的形式确定的，休战状态持续了下去。"

在早期，高级将领们还认为新兵不应该在教室里学习。但本杰明上校确保他们是战士。他一再向塔皮奥特的批评者指出："我们的塔皮奥特新兵穿着以色列空军制服，我坚持要让他们作为一支部队，而不是军队里的学生。我把他作为一支战斗部队来运作。"

菲力克斯、绍尔和本杰明上校为该部队入伍和招募制定了非常高的标准。在他们最初的一份组织备忘录中他们写道：

> 我们需要高智商的申请者。我们在寻找在智力、创造能力、专注能力、稳定性和令人愉快的个性方面排在前5%的人；这些人将需要与国防部的研究和发展人员、作战指挥官和专业人士、高等教育机构的科学家以及他们将来会去工作的研究所里的工

程师和技术员保持不断地联系……（申请人必须）献身于他们的家园并且有坚强的意志在这支部队里生存下去①。

这显然不是个容易兑现的购物清单，尤其是在这支新部队不得不与有类似要求的特种部队和以色列空军进行竞争的情况下。两者与塔皮奥特相比都有着巨大的优势。首先，每一个潜在的招募对象都听说过这两支部队；最聪明、最能干的学生也一直在努力加入他们。大家都知道，这些部队里的训练、关系和归属以及这些部队的声望，这些对他们退役后的职业生涯会有帮助。没有人听说过塔皮奥特，甚至连军中的一些高级军官也没有听说过，更不用说新兵了。

现有部队还有公共形象的附加优势。在以色列军队服役（现在仍然是，虽然程度小得多）被看作是成年的标志，是男孩变成男人、女孩成为女人的时候。大多数十七八岁的小孩都不想报名去学习，他们想打仗。他们想用他们特殊的肩章和贝雷帽给女孩留下好印象。他们希望被视为保卫自己国家的人。对许多人来说，坐在教室里就像坐在板凳上袖手旁观。他们想参与真刀实枪的行动。

然而，许多以色列优秀新兵很快就会发现，他们对自己要去的地方并没有选择余地。拉斐尔参谋长想让塔皮奥特获得优先对待，他将让尽可能多的将军们来支持这支部队，哪怕新

① 以色列国防军档案。

兵们从未听说过塔皮奥特。

在该计划产生几年后，以色列国防军的高级军官们大多知道塔皮奥特在武装部队中享有在所有招募对象中优先选拔人才的权利。如果你被空军飞行员训练计划录取，但塔皮奥特的指挥官想要你，你就会去塔皮奥特。你将来可以成为一名战斗机飞行员，但你首先要加入塔皮奥特。

这些创始人是采用这样的工作指导理论，并以研究作为依据——他们只能采用年轻的男青年（后来有女性），因为他们相信创造力以及相信"一切皆有可能"的倾向会在人们二十出头的年龄时达到巅峰。如果年轻的新兵在除塔皮奥特训练之外还想在军队里做些其他事情，那也不成问题。但塔皮奥特必须优先。

最初几年的招募是不成熟的。部队负责人力资源的军官们通过一个大型数据库，从其他招募人员那里收集潜在候选人的数据。但是，因为塔皮奥特不知道具体采用什么评判标准，这个过程并不容易。

塔皮奥特的招募人员也会去学校，主要是在特拉维夫、耶路撒冷和海法的学校，与学校校长交谈，并告诉他们一些有关该计划的情况，希望他们可以帮助联系并找到即将高中毕业并准备参军的合适候选人。但此程序远非科学手段，许多居住在以色列三个主要城市之外的有能力的学生和候选人被排除在外。以色列国防军用了数年时间来弄清如何平衡招募流程及覆盖该国较小和较不富裕的地区。

　　不过,要找到合适的新兵仍然有困难。菲力克斯和绍尔开始制定标准,帮助他们确保合适的候选人来申请并且被招募进该计划。在早期,他们想把那些能够在短时间内应付大量新的物理和数学学习内容的候选人挑选出来,他们对这些内容的理解程度,需要达到可以将其应用到实际项目中,获得学士学位,并且仅仅用三年时间来吸收即使是优秀学生也需要花费四年时间来学习的材料。

　　塔皮奥特最初的测试包括认知能力和创造力测试(后来添加了一个组成部分,即测试一个人未来在团队环境中是否会成功)。入学考试是由数学和物理领域的专家设计的。此外,还有设计了心理测验来测试智力、学习新学科知识的能力,当然,还有人格特质。

　　参加塔皮奥特早期招募考试的学生常常感到困惑。他们以前从未面对过这样的情况。这些测试都是个人问题,而不是他们所预料的问题:你对自己的感觉如何? 当你在一项任务上做得没有自己希望的那么好的时候,你会有什么感觉? 在面对小组演讲时你会感到紧张吗?

　　经过前几轮测试之后,数百名申请者的组合必须被逐渐缩减到几十人。现在事情真的变得有趣了。在入伍前几个月,候选人接到通知来参加个人面试。他们被逐个叫到一个房间里,十七岁的高中生将坐在一个由八至十人组成的小组面前,其中许多人是以色列国防军的高级军官,来自国防部的研究和发展部门玛法特(MAFAT)的以色列国防军负责人。(在本章的末尾将有更多关于 MAFAT 的内容，这个部门与以色列空军共同监管塔皮奥特。更重要的是，MAFAT 的代表们后来在分析塔皮奥特毕业生，以及在他们经过三年的紧张课程学习毕业后，帮助他们选择将要去服役的部队上有很大影响力）

测试阶段的个人面谈部分通常持续约三十分钟。面试官小组仔细审查候选人在压力下的表现，他的沉着和创造力，他如何处理问题，以及他与年长、更有权力和更老练的人沟通的能力。

面试委员会被称为品格验收委员会。"面试"涉及许多层次，但主要内容包括询问考生有关数学和物理的问题，来了解潜在候选人理解新知识的能力。在某些情况下会给他们阅读些材料，然后进行测试。他们被问到一些看似简单的问题，以了解他们喜欢学习科学知识的程度以及他们的好奇心有多强。问题可能包括"飞机如何飞行？"和"冰箱是如何工作的？"

哈盖·斯克尼科夫，一名塔皮奥特毕业生，认真思考了令人精疲力竭的考试阶段，特别是考试委员会的面试。在他看来，他们实际上期待的是领导力和候选人承担艰巨任务的能力，以及技术领先能力。例如："他们要求你解释一个可能远超任何人在学校所学知识的物理现象，并且尽你所能地去回答一个你不知道真正答案的问题。他们想知道……他能够跳出条条框框来思考问题吗？他们很客气，但也很认真。当你被教授和高级军官们包围的时候，你知道这不是闹着玩的。"

在一个已经成为传奇的个案中，一位候选人在被问及他的爱好后,在面谈中谈到了他对演奏音乐的热爱。他把自己对作曲的迷恋与对物理的热爱和兴趣做对比。然后,他被问及如何利用这两种兴趣来创造完美的声音。这位年轻人详细地描述了他的吉他,然后解释了他可能会如何使用一系列的连接来放大声音。候选人离开房间后,一位主持面试的指挥官拍了拍自己的脑袋并对其他面试者说:"我一直在尝试为我儿子制造一把电吉他。他刚才正好解释了到底缺了什么!"①

另一个应征者的面试不太顺利。这个小伙子被问及他是否是锡安主义者。他回答说:"我爱以色列,但我可能会把我在这个计划中所学到的东西,带到国外并应用到我所追求的专业领域中去。"那个人没被选中。当他父亲知道后,带着那个男孩大踏步回到了这些面试官面前,并告诉他们他那十几岁的孩子刚才说的那番话是无心的,他当然是一个"锡安主义者",想永远为他的国家效力。面试委员会的人感到意外,并向那位父亲发誓,他们实际上很喜欢他的答案。他们声称那孩子很诚实,他未被录取是另有其他原因。

几名塔皮奥特毕业生还叙述,他们被以不同形式问及这个问题:"以色列有多少个加油站?"大多数人会说,他们会估计人口数量,然后将其除以在以色列道路上跑的汽车的假设数量,他们会试图设计出某种逻辑和数学方程式。但对一个后来都笑这件事的人说,他们现在明白"委员会"不是在期待一个

---

① 希伯来语版塔皮奥特 30 周年年鉴。

准确答案。他们只是想看看潜在的新兵在压力下的表现如何，以及他们是如何思考问题。

当一名参加测试的女青年告诉委员会，她会说意大利语时，他们对她刮目相看，因为意大利语不是多数以色列人会去学习的语言。在听到这个消息后，委员会的一位成员问她："有多少人看见过佛罗伦萨学院美术馆的米开朗琪罗的'大卫'雕像？"

另一位最终成功获得塔皮奥特录取的候选人说："他们要我'说出一位你崇拜并且想效仿的科学家的名字。'我心想，不要选爱因斯坦，不要选爱因斯坦，不要选爱因斯坦……但我很惊慌，还是选了爱因斯坦……然后，我就开始编造了一个答案，但关键是听上去要有自信和有能力。我离开了房间后他们可能都在笑我。"

另一名成功候选人发现那些"心理游戏"很有压力。有人问他："什么是黑洞，它是如何运作的？"他回忆道："老实说，我真的认为也许他们也不知道真实答案。"

虽然一些高中塔皮奥特候选人认为这些心理测试和人格定性很刺激，而其他人觉得有压力，个人面试，"学生对委员会"这一环节，仍然是当今测试中一个很有价值的部分。这是个通过仪式，更是塔皮奥特的甄选基石。

然而，在这个项目开办的头几年，测试似乎过分强调了心理耐力和学术的高度集中。塔皮奥特的招募人员因没有找到具备团队精神的学员而受到批评。

有一位名叫伊莱·明茨的人是塔皮奥特最著名的毕业生之一。他把早期塔皮奥特的人描绘成"很奇怪。它是把二十名古怪的书呆子凑在一起,然后由部队军官告诉他们,'相处'。他们经常不知道我们在做什么,也不知道我们是怎样做的"。

对于那里的许多超级聪明的青少年来说,"相处"证明是个巨大挑战。伊莱承认:"和项目中的其他许多人一样,我来自自认为自己总是最聪明的那一个环境。因此,当你终于到一个地方,你会想:'哇,我并不是这间屋子里最聪明的人,'那很棒。它是个新挑战。但并非每个人天生都会去这样想,这就导致了个性问题。"他反映说学习与比他更加聪明的人一起工作是塔皮奥特教会他最重要的东西。

这些性格问题很快就会得到解决。几年后,塔皮奥特的招募人员为这个过程增添了一个关键的新步骤。他们希望看到那些候选人能够在具有挑战性的条件下成为一个运作良好的团队。直到今天,新招募的学员仍然要接受前塔皮奥特毕业生对他们进行的这部分测试。

具体来说,这些测试可以包括与团队成员一起提出一个建议,在他们想象所能及的范围内,尽可能多地找出使用一辆自行车或一只鞋子的方法。有些人被要求以团队形式设计一件东西。有些测试包括使用儿童积木来搭建些什么。所有这一切都要在很紧张的期限里,有时是在炎热的房间里来完成。为了给测试情景增加紧张气氛和压力,前塔皮奥特毕业生潜伏其后,记录每一个动作和每一个单词,或者至少是让候选人感觉到在发生这样的事情。

到了第六年或第七年,招募变得更加规范化。绍尔和菲力克斯教授知道他们想要找什么样的人以及如何找到他们。此时,已有实践经验的塔皮奥特毕业生在这个项目中有了更大的发言权。这是非常宝贵的,因为他们的真实经验使管理者对塔皮奥特的甄选过程进行了切合实际的修订。

事实上,在其创始人与实际关切和未预见到的问题作斗争的同时,塔皮奥特早期在远景和发展方面都发生了许多变化。据塔皮奥特毕业生阿米尔·施拉赫特(Amir Schlachet)介绍说,在塔皮奥特开办阶段,绍尔和菲力克斯教授不太确定他们想带领这个项目朝着什么方向发展下去。"他们设想成立一个帕洛阿尔托式的研究中心(Palo Alto Research Center),类似施乐公司设立和开发的那样。他们想把年轻人放在一个研究所里,让年轻人想办法发明新式武器,重在突破性的技术。(最初他们打算)让毕业生永远一起待在研究中心。但在第一年,塔皮奥特指挥官意识到这一想法必须改变,因为在像以色列这样小的国家里根本没有足够的资源去实现这个想法。在以色列你不能够建立实验室和智囊团;我们没有资源。于是他们提出了替代方案:'我们把他们训练出来,然后把他们派到已经有研究和开发基础设施的地方去,即陆军、空军和海军,还有以色列的国防承包商。'"

塔皮奥特的成功有赖于足智多谋、奉献和修改原有计划的谦卑态度。据第五期毕业学员阿米尔·佩莱格介绍,它的创始人当中没有一个人缺乏这些品质,尤其是菲力克斯·多森教授。他把这位教授描述为该计划背后的真正动力。"菲力克斯为自己是第一个提出来需要想办法产生这样一个计划的人之一而感到非常自豪。他是个很自在、和蔼的人,不是太教条,总是很真诚。他真的很在乎塔皮奥特、军队和以色列,他尽了最大努力把他的愿景变成了现实。"

如果没有 MAFAT 的大力支持与合作,菲力克斯教授不可能打造出塔皮奥特。因为塔皮奥特和 MAFAT 是交织在一起的,了解以色列军队的这一重要方面的实质非常重要。在建国早期,大卫·本-古里安总理想把参加战斗的军人与控制金钱和预算的人分开。他知道军队将在国家的组成和发展中扮演很重要的角色,但他想把枪和金钱分开以保持权力平衡,并使未来的将军们无法同时控制军队和预算。在以色列,国防部一般由控制军费开支预算的文职人员管理,以色列国防军则由以色列的将军们管理。

MAFAT 是武器和技术基础设施发展局的希伯来语缩写。"赎罪日战争"爆发时,作为 MAFAT 的前身的特别部门,尚处于刚开始与以色列国防承包商合作的阶段。那个新的研发部门与作战没有多大关系。在三周艰苦的战争中,研究和发展部的负责人乌兹·埃拉姆仅仅在战斗开始前几个星期才接管这个关键部门,和大多数以色列人一样,他并不知道这场战争即将来临。在战争期期间,他把他的职员借给不同的部队,极尽所能去帮助他们，但是他保留了一个核心研究和开发团队，以防突然接到任务。

MAFAT 于 20 世纪 80 年代早期由国防部长艾里尔·沙龙正式发起成立；他把它设想成以色列军队中所有与研发相关的业务的综合机构。这个新部门还有一个对外关系部门，负责在国外买卖武器。

MAFAT 的主要目标当时是，并且现在仍然是发展以色列国防工业，包括所有以色列大小承包商，让他们统一意见，以便与以色列国防部更加紧密地合作。

当塔皮奥特成立时，MAFAT 很快就开始进行领导和管理该项目。MAFAT 到处都有全以色列最聪明的工程师和军事管理人才，在谁可以或谁不可以加入该项目方面有最后发言权。虽然是空军直接负责该军校学员的日常军事训练，MAFAT 则全程参与塔皮奥特学员教育的每一个步骤。它通过负责他们的培训和课程，来帮助培养年轻塔皮奥特学员。

在该组织内有一个专门的团队，称为指导委员会，负责从外部推动该项目。该委员会由担任 MAFAT 副首席科学家的人领导，每年举行几次会议来评估和改进塔皮奥特，按需要更改或更新课程。塔皮奥特的指挥官和希伯来大学的一名代表也参加指导委员会。有时还邀请了一些塔皮奥特毕业生，以及来以色列的国防承包商或以色列地面部队、海军和空军高级军官等其他代表加入。委员会还负责制定战略，决定每个士兵在毕业后将到哪里服役。

MAFAT 从诞生开始，其多重任务之一就是为以色列源源不断地输送受过良好教育、高度积极和志趣相投的士兵来更好地武装和保护以色列。它在塔皮奥特的发展和管理中发挥了重要作用，帮助实现这一使命。

第4章
改进项目

     塔皮奥特计划取得巨大成功的许多原因之一是其管理人员的开放心态。是的,官僚主义的确存在。但是,在事关重大的时刻,军队知道如何把事情做好。对试验反复失败采取灵活、容忍的态度,是学术进步的一部分,部分是培训核心战士的责任性,部分是为了开发未来武器和情报工具。这是计划的关键。从一开始,塔皮奥特的创始人就是研究科学的人,他们知道犯错误是进步的一部分。军队很快意识到,塔皮奥特的官兵需要尝试新事物。有时他们会取得成功,有时候他们可能失败,但很明显,没有人应该害怕失败。从项目开始,塔皮奥特的学生兵们就被灌输犯错是完全可以接受的,只要你从中学到东西的理念。这种精神自由是真正创造力的先决条件,而创造力是创新的关键。

     随着该计划成熟至第六年,学生们明显在某些方面有时比他们的导师和长官学识更丰富。国防部开始寻找一个更了解学员的人来主持工作。为了找到合适的人，他们着手在内部寻找。

塔皮奥特第二期的优秀毕业生奥菲尔·肖汉姆，向以色列国防军和国防部推荐前塔皮奥特成员，认为他们最适合领导该项目。他们问他心目中是否有任何人选。他立即推荐了他的朋友、塔皮奥特二期的同学欧佛尔·亚龙。

欧佛尔来自基亚特比亚里克（Kiryat Bialik），就在海法以北。加入塔皮奥特并从希伯来大学获得学位后，欧佛尔在以色列通信部队度过了五年，改善了以色列现有的通信网络，使其更加灵活、高效和安全。当被问及的时候，以色列国防部官员只会说，欧佛尔的工作是"开创性的……并且仍然是机密"。即使在三十年以后的今天它仍然是保密的。

尽管欧佛尔已经开发了通信领域的先进技术，但他尚不确定自己下一步该怎么走。他想留在军队，并延长他为国家服务的时间，但他也在寻求新挑战。当奥菲尔找欧佛尔谈有关领导塔皮奥特的事情时，他想："这是个很有吸引力的机会；我想做的不仅仅是技术工作。我希望有机会与人一起工作，而不仅仅是物体。"

此外，他非常同意奥菲尔的意见，即塔皮奥特最好由了解该计划和学员能力的毕业生来管理。"我觉得我可以与他们产生共鸣。他们非常聪明，对自己很有信心。他们认为自己无所不知，他们的方式就是正确的方式，所以他们有时对权威感到难以接受。我十八岁的时候也是那样，也有过同样的经历。

因此，我认为让学员能够与一位了解他们的毕业生相处，对该计划有好处。"

他在 1985 年该项目开办第七期时，接手了这个项目。在研究了其他成功的教育项目之后，他受到了美国常春藤联盟学校的启发，这些学校不仅有很好的学术课程，而且还有可以夸耀自己的伟大传统。一个只有七年历史的项目要谈真正的传统为时尚早，但欧佛尔知道，塔皮奥特有能力建立一个让其他以色列国防军部队和学术项目都会羡慕的传统。他认为，培养这种传统至关重要，因为"该项目的早期兴奋开始淡化。塔皮奥特的资源已经趋于平衡。当我进来的时候，我想重振这个计划，创造新的传统，让它成为一个以不断创新而著称的部门和军队的一部分"。

欧佛尔不想为试图改变而立即做出急剧变革。他认为，这是商界新任首席执行官们常犯的错误。相反，他希望在已经建立的、好的基础上继续提高和改进。

在欧佛尔到来之前的一年，塔皮奥特开始招收女性学员，1984 年招收了六名女学员，1985 年没有招收到女学员，第八期又招收了三名。作为塔皮奥特的指挥官，欧佛尔从未试图采用不同于招募男青年的方式来招募女性。"我们只要最棒的人。"被招募进项目的女性学员都希望得到完整的训练，尽管高中女生通常不愿意在军队服役十年。"我们很快就发现这对我们正在考虑招收的女性来说不成问题。"他回忆道。

在以色列军队的大多数基本训练项目中，男女是分开的，因为他们通常是分别编入单一性别的部门里。但是在塔皮奥特的训练中,同一个班级里的男女一视同仁,都在一起进行训练。这意味着在长跑和艰苦的长途跋涉、射击课程、跳伞学校、越障课程及其他训练中都是如此。

玛丽娜·甘德琳(塔皮奥特第二十六期学员)承认:"我通常对训练营感到紧张。但我说服自己说,如果其他女孩能做到这一点,我也可以。当然,塔皮奥特是个很长的计划,很多人都没能够坚持到最后。我起初不知道我是否能做到这一点,直到我加入后六个月或八个月的时候。到了那个时候,我已经建立了足够的信心。我们班有十三个学生退学。这些人在学习高等物理方面都很有才干,但是塔皮奥特对他们来说就是太困难了。"

伴随着塔皮奥特的高辍学率,要留住女性学员尤其困难。欧佛尔回忆说,有一个犹豫不决的女学员,"我希望她加入,我尽量不给她施加压力。她最终确实加入了。她是班上的孤独女学员,最终以辍学收场。我对这件事感觉挺难过的。"

他领导了塔皮奥特两年时间,然后把管理权交给了另一位毕业生。实际上,自欧佛尔接管以来,除了中间有很短一段时间外,该项目都是由塔皮奥特毕业生领导。他接受该工作的大胆之举,开创了一个经久不衰的先例。

该计划的两个最具创新能力的塔皮奥特指挥官是欧佛尔的直接继任者阿维·泊莱格中校和阿米尔·施拉赫特少校(他后来加入以色列最大的银行——以色列工人银行,并取得大成就）。

阿维于 20 世纪 70 年代在海法长大。少年时代，他很文静，好奇心强且很勤奋好学。他还是一个音乐神童，是大提琴手。他每周要花两个小时去特拉维夫上一次大提琴课。他清楚地记得"赎罪日战争"的创伤，一直想为国家效力。但由于一些健康问题，他知道他永远无法在作战部队里发挥作用。

在 1981 年，当有人要求他申请加入塔皮奥特时，他和当时的大多数应征者一样，从来没有听说过这支部队。当时这个计划尚未公开，因为它被认为是军事机密。在以色列，人们对军事机密讳莫如深，即使对家人和朋友圈的人也是如此；人们完全知道不要问太多问题。由于在 1981 年初期尚无人从这个项目中毕业，因此不知向何人询问有关项目里面发生的情况。他只得相信自己的直觉。

他成为塔皮奥特第三期学员，从未回过头。从塔皮奥特的学术培训项目毕业后，他被海军选拔去为军舰开发电光技术，首先是研究为欺骗敌方雷达和导弹而设计的装置，然后开发红外线和热成像摄像机，用来探测船只、武器、导弹和任何一种其他可想象的威胁。

在加入塔皮奥特十年后，阿维成为其领导者，负责日常运作。他在海军里的实地工作帮助他获得了这个位置，一个他向往了一阵子的职位。国防部一位前高级主管这样评价他说："这对阿维来说真是非常完美的工作。首先他是个虔诚的爱国者。他也很精通物理学。也许，最重要的是他对教育领域的兴趣。"

在 20 世纪 90 年代,以色列的军事技术正在迅速发展,塔皮奥特的学生和毕业生在开发这些技术方面发挥了巨大的作用。其中许多技术,包括移动蜂窝电话技术和数据加密,很快就在民间有了重要的用途。

随着军队的需求不断变化,塔皮奥特的军官们不得不对候选人的理想品质的要求进行了调整。团队合作在该方式中日益变得重要,因为不同类型的系统必须被整合到不同的单位中去。每年,挑选二十名或二十五名合适的人选变得越来越重要。

"突然之间,我们不得不开始寻找新的品性组合。"阿维说道。除了高认知分数和科学思维之外,他们还在寻找有领导能力的人,考官测试和人格测验变得至关重要。阿维改进了考试中的两个部分——小组测试和面试。

"我想了解动机、道德价值观,当然还有个性。我们会模拟紧张激烈的社会场景,把候选人置于一个高压领导地位。你如何想办法激励可能落后的同学?你如何应对那些拒绝参加某个项目或活动的人?我的目标是了解候选人如何处理社会问题、领导能力问题以及是如何关注每个人的。我需要有信心,我挑选的候选人会是有创造力、有智慧、善于发明的人,有能力从一个领域转移到另一个领域,并能够在一个小组里担任领导而同时又是该组的一部分。同样重要的是,要了解当学员必须与他们的上级或下级打交道时,他们会如何表现。最后,我也需要了解他们的道德价值观,以及他们为国家和社会做贡献的意愿。我从来都自信我能够推动合适的学生进步，但他们必须有基础。其诀窍在于区分谁有谁没有。"

在委员会面试中，阿维可能会说："告诉我一件你在上个月看到的你不懂，但是有趣的事情。你了解了有关该事情的一些什么东西，你如何增长了你的知识。这也许是一件有趣的乐器，或是你在电视上看的一个有趣的科学节目，或是一篇你读过的关于科学的有趣的文章。"这是出发点，他会用它来发现候选人的好奇心水平高低，以及他会付出多大努力去满足这种好奇心。"我想观察候选人是否真的努力去进行调查。"

阿维还改进了应征者思维能力的评估过程。人尽皆知的做法是，他会给他们一篇来自一本科学杂志上的复杂文章，他确信其有关内容是应征者不理解和没有学习过的东西。新兵会很快读完这篇文章，然后被问及一系列与之相关的问题。其目的不在于测试他的知识，而是观察他的思维过程。

阿维认为，一场深刻的委员会面试让他能够对候选人进行最佳判断，作用远超过考试分数。有一个令人记忆深刻的例子，有一个候选人在前面的测试中表现得不是特别好，但阿维给了他一个模拟场景。"他开始有了出色表现，他满腔热情并且非常活跃。'我会这样做，我会那样做……'他似乎突然在指挥一个乐团；仿佛他此时此刻就在委员会面前找到了他的声音。这正是我想要的答案。他有这个答案！我把该委员会的一部分功能看作是教练，要从一个候选人那里带出一些东西来，一旦这些潜在学员加入计划后，我在担任指挥官和教育者的角色时也使用类似的方法。"

当然,没有万无一失的方法来为塔皮奥特挑选最优秀学员。正如阿维所预测的那样,社会测试在 20 世纪 90 年代末和 21 世纪最早期就显得更加重要了。

人们普遍认为,任何塔皮奥特指挥官都不应该在同一位置上任职时间太长。到 2003 年,引入新思想和新领导的完美时机到来,阿米尔·施拉赫特成为塔皮奥特的指挥官。

当阿米尔在十六岁时规划他的军旅生涯时,塔皮奥特的神秘面纱开始被揭开,该计划在全国范围内变得家喻户晓。很快,它就成为所有对物理、科学和数学感兴趣的以色列年轻人的首选目标,并且获得了崇高的学术地位。在许多方面,以加入塔皮奥特为目标的学生,就如同想去上哈佛、麻省理工学院、普林斯顿或耶鲁大学的美国学生。

在十七岁的时候,加入塔皮奥特并不完全是阿米尔的人生目标。但是随着他一步一步深入考试迷宫,他变得越来越有兴趣,且对能够加入更加充满希望。"我知道我想做酷的事情;我认识工程师和物理学家。我并不太了解研究和发展是什么,但我喜欢把科学和国防结合起来的想法。"

经过三年的课程学习,他毕业于希伯来大学的科学和物理专业。他被塔皮奥特指挥官和国防部安置在空军研究和开发部门,并在一个专门开发机载电子系统(用于通信、雷达和空对空和空对地瞄准)的部门工作。

当他完成塔皮奥特服役时,他准备修读一个更高的学位,然后到企业界去发展。但以色列国防部的传奇人物（也是塔皮奥特毕业生），埃威亚塔·玛塔尼亚，一个后来被称为"塔皮奥特的右手"的人，要求阿米尔留下来。埃威亚塔在阿米尔·施拉赫特身上发现了一些非常特别的东西：他看到了一个明白以色列需要在技术上领先的人，一个优秀的项目经理和一个能聚众人之力朝着共同目标推进的军官。埃威亚塔为他提供了一个指挥项目的全面日常运作并使之恢复活力的机会。

阿米尔立即接受了，并将他的商业生涯无限期搁置。他以诚实、无情的态度，评估了塔皮奥特的每一个特点，"从上面俯瞰整个项目。如果有什么增加了价值，我们要加强它；如果它是弱点，我们要放弃它。我们改变了集合运算软件。塔皮奥特在不断地演变，筛选过程也是如此。塔皮奥特最大的优势之一是我们做自己的筛选工作，因此我们希望改进和加强这一点。我们重新设计了整个过程。我们从来没有锁定过，这是个巨大优势。"

为了给项目注入新的生命，阿米尔将高级教官的职位提升至塔皮奥特毕业生级别，并赋予他更多责任——他在那里留任数年，而非仅仅一年，然后再去做其他事情或离开军队。阿米尔解释说："我们不想在未来的领导人身上投入额外培训，然后让他们仅仅在一年后就离开。"

当他还在领导塔皮奥特的时候，阿米尔说服了一位前任班级指挥官在他的军队服役时间到期后留任。德霍·本·埃利埃泽尔获得了在阿米尔手下三年任期的招募主管职位。德霍是少数自己的兄弟也加入了塔皮奥特项目的毕业生之一,他的兄弟名叫巴拉克。他们在耶路撒冷老城里长大,和美国的犹太神学院学生一起玩美式橄榄球。巴拉克后来把他在塔皮奥特学到的许多管理技巧,应用于以色列的警察部队。

阿米尔和大多数塔皮奥特毕业生一样,是个非常谦卑的人。他勉强承认,同事和其他塔皮奥特毕业生说"阿米尔给项目注入了新生命,对它进行了改进并让它变得更好了"的说法可能有道理。他最引以为傲的是,他彻底改变了当时处于过渡阶段的筛选过程。随着测试越来越偏向于社会和人格因素,他想出了实际上更好的一个方法来找出谁合适,谁不合适加入该项目。得益于心理测量顾问的建议,"保密测试"(考生不知道正在测试他们是什么,或者他们正在接受测试)能够显露出许多东西。这项工作都是塔皮奥特三年级学生(根据指挥官的建议挑选出来的)和塔皮奥特毕业生通过了特别认证来参加的。

玛丽娜·甘德琳成为给未来的塔皮奥特学员进行社会测试的监考员。她描述了为期两天的小组测试。"我们将他们分成小组,并要求他们用纸或积木来制作一些东西,观察他们是如何与他人互动的。我不喜欢告诉别人该做什么不该做什么的人。我不想要那些粗鲁的或过于专横的人。暴力和大声喊叫这些都不行。这些绝对是不适合进塔皮奥特的表现。我知道这听起来很滑稽,但是你可以很容易地从中分辨出谁合格且让人觉得舒服,谁对如何完成项目有办法,还有谁能够让其他人来支持他或她完成这个项目。我们就在他们面前看着他们的项目进展。没有双面镜子或类似的东西，只有十到十二人在一个房间工作，加上两到三个塔皮奥特毕业生在一旁观察他们的行为表现。"

当被问及与其他军队的工程或物理教学项目相比，是什么使塔皮奥特如此独特时，阿米尔给出了三个理由：① 精雕细琢的筛选过程；② 独特的学术和军事训练，重在全局；③ 成功地为毕业生找到合适的服务岗位。

无论是对塔皮奥特毕业生还是对国家来说，最后一个因素都是至关重要的。塔皮奥特官员努力为陆军、海军和空军最急需的研究和开发职位制定岗位职责。"我们希望他们对毕业后将要做的事情感兴趣，"阿米尔说，"因为他们有望能在这些岗位上至少工作五年。如果他们感兴趣，他们就会更有动力。因为我们正在为以色列国防军所研究的解决方案，非同一般，对于有些人来说，它关系到生死。在他们整个三年的学习过程中，我们致力于每个毕业生的安置工作。我们的目标是把每个塔皮奥特毕业生都放到他或她将会产生最大影响的位置上去。"

阿米尔指出，塔皮奥特经历的优点之一是它的协作性。"不知何故，它没有任何形式的竞争。事实上，这是我工作过的最没有竞争气氛的地方之一。人们愿意去帮助别人，即使这样做意味着他们自己会得到较低分数或少做一些事情也在所不惜。这太棒了。人们相互之间建立了非常密切的联系纽带，并且永远维护和保持下去。"

尽管是塔皮奥特毕业生负责该项目的日常运作管理,但是他们上级还是有来自以色列国防部的人,特别是以色列国防军的研究和发展部门 MAFAT 的内部人员。在选拔全过程中,在项目管理和毕业生安置过程中,这些职业军官们确保塔皮奥特得到它所需要的支持,以及塔皮奥特会回馈军队对他们要求。

以色列国防部的一位高级官员(不允许透露他的姓名)指出:"塔皮奥特的独特之处在于,它持续自我改造,保持时代领先地位以及自我完善。部分原因是毕业生非常在乎它,他们总是能够不断留下一些东西。如果我们国家其他人都能做到这样,那就太棒了!"

第5章
一切始于高中阶段

　　一旦塔皮奥特计划开始顺利运作并且完善了其筛选程序，它就开始造就自己作为精英部队的名气。今天，该项目自开始至今三十六年后，以色列国防军的网站描述了塔皮奥特精挑细选的地位："该计划从科学专业方向的高中生中招收 50 名优秀学生。"加入这个项目的竞争非常激烈。

　　罗恩·伯曼是一名超级学生，他不但被塔皮奥特第十九期接收，还曾在丹麦、特拉维夫大学、宾夕法尼亚大学沃顿商学院接受教育，他目前正在加州大学伯克利分校攻读博士学位。这位学霸给任何试图加入塔皮奥特的人的建议是："一切皆从高中开始。"

　　许多以色列的高中实际上是致力于帮助他们的学生进入像塔皮奥特这样的精英技术和"思维"部队。在耶路撒冷有一项计划是专门为塔皮奥特设计的。以色列卓越教育中心是由前塔皮奥特指挥官阿维·泊莱格开办的。他采用他在塔皮奥特完善过的许多技巧，并且与全以色列的许多国家开办的学校进行分享。该中心是以色列为数不多的寄宿学校之一，是以色列艺术与科学学院的组成部分，帮助该校进行课程设置和运作，学校与中心共享一个校园。

　　被这一精英项目录取的学生都是聪明绝顶。但这所学校是为了帮助他们专注于学习高于以色列其他国立学校学习水平的数学、化学、物理和计算机科学而设计的。一些耶路撒冷地区的学生不住校，但大多数学生在宿舍居住、睡觉和吃饭。这所学校的青少年来自以色列 100 多个不同的社区。他们来自大城市和小镇、基布兹和农业社区，并且项目对以色列犹太人和阿拉伯人都开放。

　　以色列艺术与科学学院和以色列卓越教育中心为学生提供必要的工具，让他们能够像塔皮奥特军校学员一样能更好更快地学习。阿维的教学方法和塔皮奥特的方法相同。"我们不去引导学生到达某个程度；我们要为他们在能力、价值观和才能方面做准备，以应付今后的挑战。塔皮奥特关于如何促进独立思考、好奇心和积极性的理念在这里很有价值。"

　　当被问及，"你如何把好奇心和学习欲望植入学生？"时，阿维回答道："你是在让人单腿站着总结妥拉（摩西五经），就像希勒尔拉比曾经说过的那样。"（这位著名的圣人曾被问及在发问者"单腿站着"的时间内，是否能总结完整部犹太律法书。）"简而言之，它在于吸引学生进入一种如同冒险经历的学习状态。我们从来都不会上来就说今天将要学习这个或那个。我们用一个传说或故事开头，设法把学生放在一个能够激发这个情景的位置。我们告诉他们，'这次你将是一位历史学家，一位科学家，一名侦探。'学生应该通过扮演不同的角色来学习，以保持它的趣味性。这是一种以合理的方式来构建任务的方法，把大部分责任交给学生自己掌握。教师不应该是知识的源泉，而应该是学习过程的促进者。这意味着他们是在那里引导学习过程和稍加指点，让学生得出自己的结论，让他们尝试失败而非过早地纠正。老师应该多提问题，少提供答案。答案应该来自学生。"

寄宿学校和军事基地之间有明显区别。虽然最终目标相同，但实现方法并不相同。然而塔皮奥特的规则和方法确实有效。阿维认为，他的责任是"增强独立的能力和自尊。我深信，一旦教会了一个学生，你将来就会收获成果"。

有些人可能会称以色列艺术与科学学院为"塔皮奥特预科学校"。入选塔皮奥特一直是该项目的学生和老师心目中的目标，他们为塔皮奥特成功地输送人才，已经超过他们应做的贡献。

拿顺(Nachshon)是一个专为高中学生设计的类似项目，后来变得声望卓著。它是由塔皮奥特第六期毕业生埃维阿塔·玛塔尼亚创办的。该项目是用英勇的圣经人物拿顺·本·亚米拿达的名字命名的，拿顺是在水域分离前第一个跳入红海的以色列人。虽然拿顺的学生不一定就是塔皮奥特的候选人,但是确有几名塔皮奥特学员来自这个享有极高声誉的项目。

在以色列,许多顶尖高中都与顶尖大学正式或非正式地结盟。塔皮奥特最早的"供给高中"是一所名叫汉达萨依姆(Handassa'eem)的学校。在希伯来语中,汉达萨是工程学和几何学的意思。它曾经与特拉维夫大学联系紧密,并向塔皮奥特输送了一些其最出色的毕业生,其中包括伊莱·明茨。伊莱回忆说:"在部队收到我在汉达萨依姆高中校长的推荐信后,我被招募进入塔皮奥特。我们学校有五个人去了塔皮奥特。总体来说,汉达萨依姆输送学生进入塔皮奥特的比例很高。"

另一位毕业后加入塔皮奥特的出色毕业生是欧非尔·卡-奥兹。当时的校长是约哈拿楠·埃拉特,他"把它变成了一个技术动力源。他曾经拿着一张硅谷的地图,把它放在海法上,并告诉大家,'瞧,完美契合。'当时是 1988 年,远在硅谷成为世界上家喻户晓的名字之前。他是个真正的有远见卓识的人"。

欧非尔在上高中的时候,他和许多其他未来的塔皮奥特学生在计算机科学上远远领先于他们的导师,以至于他们最终替代老师来教这门课。随着世界上人们适应了计算机化的生活,教师们起初很难跟上步伐。随着学生们开始教老师,全球各地的潮流明显在发生改变。

然而,汉达萨依姆在那些年显示很大的优势。许多受过先进教育的俄罗斯移民无法在以色列找到与他们水平相当的工作,于是许多人成了汉达萨依姆中学的老师。

该学校后来迁址了,现在位于荷兹利亚市,就在特拉维夫市北部。目前该校的校长是奥利特·罗森。汉达萨依姆为先进技术部队输送了许多学生,"因为学校提供的项目数量之多,在国内外都是空前的。有多样性的高水平科学工作,包括各种学科的结合——计算机科学、技术、医学和更多其他学科。"今天"更多"包括机器人以及为在卫星、航空航天和生物技术领域显示早期才智的学生提供教学设施。

在海法,离以色列理工学院不远处有一所高中,名叫利奥·拜克(Leo Baeck)。该校接收来自以色列各个社会阶层的学生。虽然许多学生都要交一些学费,但是有大约10%的学生获得全额奖学金。对其他学生也有各种形式的补助。

该校的使命是为从国家北半部分各地来到学校的学生提供多元化教育。学校里大约有1 000名学生和150名教师,师生比例足以让世界上任何一所学校羡慕不已。利奥·拜克高中在2005年创下了一项现代纪录,输送了五名毕业生到塔皮奥特,其中包括玛丽娜·甘德琳,她后来成为短程导弹防御和铁穹反导系统的早期先驱。

在耶路撒冷,也有一所知名公立高中因为塔皮奥特输送了无数名军校生而著名,它被简单地命名为利亚达(L'yada),翻译成英语就是"隔壁"。它因位于希伯来大学"隔壁"而得名。

以色列是个孩子们必须快速成长的国家,这样他们才能早为国家的安全和福祉做贡献。以色列的高中教育体系实际上非常重要,它已经成为通过"以色列科技学校之友"等计划在海外筹款的主要来源。有七十三所高中属于这个特殊类别,其中的重点是机器人学、工程学、纳米技术、生物医学工程、航空航天和计算机科学。这些学校不仅培育了数十名塔皮奥特学员,还有数以百计的其他毕业生继续为国家提供重要的安全解决方案,成为以色列的高科技企业领袖。

强烈的回馈精神贯穿着以色列社会。许多塔皮奥特毕业生已成为以色列企业巅峰级的高级管理人员,已经制订了帮助国家、学生和未来领导人的办法。以色列前总统佩雷斯就发起了一个这样的项目。在过去几年里,这位受欢迎的政治家一直在帮助以色列的高科技首席执行官们。通过他与慈善组织拉希基金会帮助设立的项目,会见和指导该国最有前途的高中生(旨在鼓励以色列的青少年发明家)。他已经得到了许多以色列最大公司领导人的帮助和支持,其中包括萨米·西格尔,他经营着以色列最大公司和最大出口商之一科特塑料(Keter Plastic)。萨米鼓励他的员工也参与指导未来的领袖们。

其中一名雇员是巴拉克·本-埃利埃泽尔,一个对改善以色列国专注到不能再专注的人。(他于 1992 年被选入塔皮奥特,他是建立了 XIV 存贮公司并且以 3 亿美元将它出售给 IBM 公司的著名的第十四期学员中的一员)巴拉克的两位塔皮奥特熟人也把他们的相当一部分时间用于帮助有进取心的年轻人。尤利·罗克尼为一家名叫移动眼(Mobileye)的以色列公司开发算法。(他致力于通过在我们驾驶的汽车里安装高科技防撞系统来大大提高驾驶的安全性。该公司于 2014 年 8 月在纳斯达克证券市场上市，股价迅速飙升，成为华尔街的宠儿）他还在业余时间，自愿帮助提高以色列高中在校师生的数学水平。

尤利·巴伦霍兹毕业于巴拉克所在的塔皮奥特第十四期班。他从数据存储转到在位于以色列雷霍沃特（Rehovot）的世界著名的魏茨曼研院从事生物工程研究。作为业余爱好，他在特拉维夫郊区霍隆市的一所初中教授物理。

他教的一些学生，就像从专业高中毕业的有才华的年轻科学家一样，会把目光投向高等大学学位。许多人的目标是进入塔皮奥特，因为他们知道，这是获得顶尖大学教育、至高无上的军队荣誉和光明前途的垫脚石。

第6章
世界上最快的学习曲线

从一开始,以色列军队和塔皮奥特的创始人都知道,他们需要将该项目教育方面的一些内容外包给希伯来大学。

大多数以色列人至少要到二十二岁才开始大学的学习,比大多数美国学生晚四年至五年。大多数以色列人从正规军退役后,就去看世界。他们或去印度,或徒步穿越尼泊尔,或到泰国消遣。事实上,在这些国家的部分地区以色列人是如此之多,那里的街道标志、商店和酒店标志大多使用希伯来语。印度的一位店主惊奇地发现原来以色列只有大约 650 万人口。由于常常有大批来自犹太国家的男男女女出没在他们镇上,因此他认为以色列的人口一定达数亿之多。有些年轻的以色列人一次去南美洲几个月,徒步穿越安第斯山脉。许多人是亚洲和南美洲都去。

当他们返回以色列时,可以到以色列的九所综合性大学注册学习,其中好几所大学是享誉世界的,包括特拉维夫大学、内盖夫本-古里安大学、海法以色列理工学院,当然还有耶路撒冷的希伯来大学。其他人可能会去以色列的几十所学院里学习。

但由于塔皮奥特军校学员要在军队服役至少九年,他们在十八岁入伍时即开始攻读学位。当他们完成在希伯来大学的课程时,将获得数学、物理和(或)计算机科学领域的学士学位。这一优势让他们安心,因为他们知道,他们不需要在离开军队后才开始学习。

然而,当军队在为你支付学费时,你就不会有落后的奢侈余地。在塔皮奥特,如果你退步,就会被踢出局。

速度一直是该项目的重要组成部分。因为塔皮奥特的学生比其他大学生的学习时间要少数周,因此学术学习项目进展速度更快。这样做的原因之一是军校学员在部队服役,他们还有其他事情要做。另一原因是军队有意训练军校学员更快地思考问题。

让学生学得更快并无奇妙之处。实现的方法是强调团体学习。这种想法缘由是,如果你和其他学员一起在一个像军队一样的环境中,每天二十四小时,每周七天,你就会与他人团结一致。当团队中一部分人进度更快时,团队中的其他成员将在速度上保持一致。

学习文化课程的速度比在普通大学要快得多。学生军们作为一个班集体共同训练和学习。学术竞赛不是该计划的一部分,在塔皮奥特也没有作弊现象。许多教授都允许学生之间分享作业,因为他们鼓励学员们互相帮助。其主导思想是,每个学员从不同的背景中带来不同的优势,融合得到极大鼓励。强调团队合作有助学员发展和提升学习课程的速度,创造高水平。

但有时这种速度可能会有问题,25%的辍学率证明了这一挑战。即使像一些后来成为以色列有史以来最成功的人那样最优秀的塔皮奥特学员,也曾抱怨塔皮奥特的课程进度太快。

马利斯·拿特是总部设在以色列的捷邦(check point)软件技术公司的创始人之一。他们的互联网保护软件保卫着几乎使所有在《财富》500 强榜上的公司免受网络攻击。马利斯是塔皮奥特第二期的毕业生。他出生在罗马尼亚,正当他的父母在焦急地等待着罗马尼亚政府给予他们家人出境签证之时。在 20 世纪 60 年代,如果他们想离开罗马尼亚,北美的犹太人联合会就不得不为每一张出境签证花 5 000 美元的赎金。他父母在相关文件最终获批前十年就开始了移民申请。

马利斯当时三岁,不记得他初到以色列时的事情。但他还记得自己是在沿海城镇阿什克伦的一个简陋的工业化地区长大的。他说,他的家庭状况逐渐改善,达到勉强能维持中产阶级水平的生活。当时,标准化测试尚未成为标准规范,所以马利斯的家人没有意识到他有特殊的学术天赋——马利斯自己也没有。

他父亲坚持要他上一所职业中学,一个可以学习一门技能的地方。马利斯上了犹太基金会学校(ORT),全球犹太社区资助的许多项目之一。他说:"我对它不感兴趣。我是在做他让我做的事。我们学习了很多东西,包括电子学。"

1980 年,一名征兵人员来到这里寻找最聪明的学生。军队当时较少在耶路撒冷、特拉维夫和海法等主要人口中心公认的高中以外去招募学员。在早期,塔皮奥特计划到这些地区以外去招生的情况更是少有。但是塔皮奥特从马利斯的班上选了两名学生参加测试。

这些考试引起了马利斯的好奇心。被塔皮奥特录取对他来说意味着更多,不仅仅是有机会成为以色列军队这支崭新和令人振奋的部队的一部分,而且还意味着他已被这个自己孩童时期来到的国家所吸收;他的才智得到了承认,尽管他来自萧条的阿什克伦镇,一个常常被耶路撒冷、特拉维夫和海法的以色列著名精英们所忽视的城镇。

但是,一旦他加入该项目之后,他却想退出。"其他人在数学和物理方面都非常非常聪明,我不像在高中那样,在班里排名在前面。它比我预料中的竞争性更强。顶尖的五个人会用胳膊肘子拐其他人说:'算了吧,你为什么要问这个愚蠢的问题?教授五分钟前就说了,你为什么还要问?'我们知道第一期学员比我们早一年入伍,开始有三十名学生,但一年后只剩下二十人。所以我确信我会被开除。第一学期结束后我的平均学习成绩只有糟糕的 65 分。对我来说,这是我应该退学的证据,而且我想退学。为什么要继续下去呢?我只不过是在延长我的兵役,而不是在做我真正想做的事情。"

　　"于是我去找哈诺·扎迪克,如果你想离开这个计划,就必须和他谈话的那个人。他是个心理学家,我向他解释说我没那么好。我有很多家庭作业,甚至到凌晨 1 点没能够完成一半。"哈诺(后来成为以色列最著名的一名心理学教授、激励教练高管)说服他不要退出。他告诉马利斯,他给自己施加了很大压力,这就是为什么他不能够集中精神的原因。他让他承诺每隔一晚在校园跑一次步,每次跑五英里到六英里,每周至少三次。马利斯回忆道:"因而我对此冷静了许多,也不催促自己,我的平均成绩从 65 分跳到了 85 分。我想如果这样下去,甚至可能以一个合理的平均成绩完成学习。我留了下来。哈诺·扎迪克是我生命中一个非常重要的人,显然对我产生过巨大影响。"

　　对于一位帮助了这么多人,后来成为以色列安全方面关键性人物的心理学家来说,哈诺·扎迪克是个很恰当的名字。在希伯来语中,扎迪克的意思是"正义"。它往往是对圣经人物的称呼。简而言之,哈诺·扎迪克是依照他的信仰生活的人。

　　哈诺·扎迪克指出,对于大多数塔皮奥特学生来说,这是他们一生中第一次需要帮助的时候,而对一些人来说,这是一场真正的危机。"他们的主要问题在于如何处理困难,而非课程学习。"

　　"我的主要工作是帮助他们,"他断言,不存在一个适合每个有问题的学员的通用解决方案,"我首先并不会告诉他们任何东西,我只是倾听他们的声音。我必须让他们相信他们会克服这些问题,这是件非常倚重个人的事情。我真的相信大部分人都能克服它。那些离开的人后来通常都很成功,只是当时对他们来说不是恰当的时机。他们不是都失败了。他们只是没有为做这类事情做好准备。"

即使对于那些在挑战中茁壮成长的人来说,通过塔皮奥特的训练也绝非易事。阿维夫·腾特诺医生就是个例子,他是少数在服完兵役后去上医学院的塔皮奥特毕业生之一。他是个专攻儿科手术的麻醉师,他同意在有繁忙的手术当天接受采访。我们在哈达萨医疗中心的医院大堂见面。在更衣室里,他一边穿手术室的手术服,一边和我们聊天。为了让自己永远不会忘记,阿维夫把他的储物柜密码组合,设置成一组代表某种能维持裂变连锁反应的铀同位素数字。(对他来说,这是个令人难忘的数字!)

他解释了手术过程中会发生什么,手术的目标和他的角色。这台手术的患者是个两岁的男孩,他有个人工心脏瓣膜需要修复。阿维夫医生的工作是让孩子镇静下来。

在我们周围的医生们都在听我们的采访。旁边的心胸外科医生把他的手术前准备程序停止了片刻,看着阿维夫医生并用希伯来语问道:"做访谈的人是谁,访谈的目的是什么?"阿维夫答道:"这与我的塔皮奥特经历有关。"那位外科医生警惕地问道:"难道这一切不是绝密吗?"阿维夫听了咯咯一笑,然后采访继续进行。

他告诉我,除了完成了这个项目的训练,他还担任过塔皮

奥特第十五期的指挥官。直接为刚刚从高中毕业的新兵提供
教育,有其优势。当他还是一名军校学生时并没有完全意识到
这一点。但他成为一名指挥官时突然就明白了。"在那个年
龄,你没有家庭负担,没有孩子,没有工作。必要时你可以一直
学习到凌晨 1 点到 2 点,而且常常需要这样做。军队里有了一
班自由、能够学习的学生兵。"

其反面是,他们作为年轻人经常会抱怨。作为一名军校学
生,阿维夫当学生时,也抱怨过他后来作为指挥官不得不处理
的事情。"我们抱怨说,老师讲得太快,我们比大学里同学科
的学生接受测试的内容更多,这不公平。我们学习的内容也多
出 30%。其答案总是,学生让讲多快,讲师讲课的速度就会有
多快;如果你明白了所有内容,他就会继续讲下去。我们会相
当自由地抱怨事情。我们非常愤世嫉俗。"

在塔皮奥特第六期之前,该项目的指挥官们不是从这个项
目中毕业的,他们与这类新型的知识超级战士没有完全合拍。
但是,即使指挥官开始来自塔皮奥特的行列,像阿维夫那样,青
少年和成人,学生和教师之间的关系仍然紧张。"作为一名指
挥官,我和我的军校学员们有过难以相处的时刻,但对我来说,
应付这样的局面比以前的指挥官要容易得多。因为看见,你就
会了解其中的动力关系。他们会每天、每周都抱怨班级、学习
材料、课外活动计划、食物质量、房间的质量、房间的清洁卫生、
看守大楼的负担、建筑安全的缺陷等,总之五花八门,你能够说
得出来的都有。作为指挥官,你知道会有反复出现的主题。现

实情况如此，从来都是这样。"

军校学生会像其他十几岁的青少年一样问一些烦人的问题。"我们为什么要守卫这栋大楼?"阿维夫会沉闷地回答道:"因为我们是军人，这是军人该做的事情。每周给你两个小时的警卫任务。这不会妨碍你的学习。这个问题的讨论到此为止。"

我们谈话结束时，阿维夫开始洗手、消毒，然后大步走进手术室。一个生命掌握在他手中的小患者正在等待着。

阿维夫医生对塔皮奥特培训的描述，反映了该计划三年中每年所设定的目标。你能够应付塔皮奥特的严酷要求吗? 以下是塔皮奥特对其学员的期望。

第一年目标：通过学习高等数学、物理和计算机科学，为解决问题打下基础。

（1）基本训练期为十一至十二周，接下来为两个学期长达三十四周的学习。

（2）外加五至六周的军事适应训练，参观以色列国防军的不同单位和分支机构。

（3）完成一项军官培训课程。

第二年目标：在数学、物理和计算机科学上达到高水平能力。（几乎有三分之一的塔皮奥特毕业生获得计算机科学学位。）

（1）学习三十六周。

（2）参观访问以色列国防军的各个分支机构，了解他们面临的问题和解决方案的需求,时间长达三个月。

（3）严格的伞兵训练。

第三年目标：把所有的教育和培训结合起来;提高领导能力和学术技能。这包括广泛的科学课程,其中有电子学、空气动力学和系统认证,以及军事技术。

（1）在军事工程、雷达、天线和军事通信等方面打下坚实的背景知识基础。

（2）在希伯来大学学习更广泛的人文与社会科学课程,包括历史、艺术史、哲学、犹太思想和阿拉伯研究。

（3）确定一门学科和专业方向。

（4）为在以色列国防军内任职进行面谈和面试。

"项目"贯穿塔皮奥特的三年培训。他们一年接到几次要求,去开发并展示一个项目,来解决一个国防领域的问题。从本质上来说,这是一项热身运动,旨在教会他们应付将来会碰到的所有的严酷问题和经历的阶段,尝试解决现实生活中的困境。

为了做"项目",他们要提出解决防御问题的想法,为它做一个预算计划,然后制作出来。他们面对一组被请来做评判员并讨论项目的军官提出他们的问题,同时展示他们解决问题的方式。在某些情况下,这些军官们对某一项目的印象非常深刻,他们会决定进行实际开发。另外,有时做一个项目会导致一位塔皮奥特毕业生获得退伍后的工作安排。

多年来,通过处理这些问题和解决方案,二年级学生向以色列国防军的高级官员介绍自己的情形已经是司空见惯的事情。过去的项目(将在稍后讨论)包括铁穹短程导弹防御系统的早期模拟系统,它在导弹击中以色列境内目标前,能够极为有效地将其在空中摧毁。另一项创新称为"战利品",是一个安装在坦克上的装置,它能够自动拦截来袭的炮弹,保护坦克里面的战士,它也是源自塔皮奥特计划。

所有塔皮奥特班级都有为其指派的顾问,从头到尾帮助他们。顾问的职责是作为学生、军队和大学教授之间的联系人和联络官。在该项目开始时,创始人菲力克斯·多森担任顾问,这一角色后来由希伯来大学的几位教授担任。希伯来大学的数学、物理和计算机科学课程的负责人也在为军校学生提供顾问服务以及在与军队联络方面扮演着非常重要的角色。希伯来大学的院系主任和学校高级负责人自该项目开始时就是其重要组成部分。当这三年结束时,军校学员获得晋升,并获得物理、数学、计算机科学或所有三科令人垂涎的学位。毕业后,大多数塔皮奥特学员将继续他们的正规教育。在接下来的六年里,许多人在服兵役的同时继续在希伯来大学深造。魏茨曼研究院是另一个受欢迎的学习机构。被录取的塔皮奥特毕业生常常是攻读生物和复杂物理硕士或博士学位。在魏茨曼的一层楼上,塔皮奥特学生接管了一排办公室,他们在那里进行生物技术、遗传学和生物制药学习和试验。许多塔皮奥特学生的第三个选择是特拉维夫大学,他们在那里学习高级工程学和企业管理。

　　以色列军队一直在为自己是男女机会均等的雇主而自豪。如较早的章节所述，塔皮奥特是一个罕见的例外，该项目开始的头几年没有招收女学员，但是到了 2003 年招收第二十四期学员的时候，证据已经很清楚地显示女性已经到来，并完全融入了以色列最有声望的军事计划。当年有十一名女青年被录取。甚至还有几对塔皮奥特学员喜结连理。恭喜！

第7章
远超框架的思维训练

马坦·阿哈兹的父亲是一名以色列外交官,马坦青年时期有部分时间生活在日本。20 世纪 80 年代,他与其他上"日本的美国人学校"的西方人有着密切联系。

在这个时候,许多上"美国人学校"的学生的父亲都在东京的美国大银行和经纪公司工作。有消息传马坦是个电脑高手,他接到了他一位朋友的父亲的电话,对方在摩根士丹利工作。他需要有人帮助建立一个系统,可以通过电话线迅速转移资金和股票订单。马坦利用摩根士丹利提供的安全通信线路,开发了一个软件程序,可以将资金和股票交易即时转移到摩根士丹利在世界各地的办事处。现在,西方世界的每家经纪公司都拥有这项技术,但马坦比世界上其他人领先了十五年左右。当时他才十四岁。他后来继续为在东京的高盛分公司做咨询工作。

　　回到以色列，军方认识到马坦在军队需要的领域里有大量工作经验。塔皮奥特很快接收了他，并进一步训练他为军队所用。

　　马坦说："塔皮奥特最惊人之处，是你学会使用的工具可以帮助你在战场上产生百分之一的影响。考虑一下，百分之一的影响。一个步兵不能够创造出百分之一的影响。在一场涉及一个重要目标的小规模战斗中，一个飞行员也许可以制造出这种差异，但塔皮奥特能够在许多不同项目中不断地做到这一点，日复一日。在许多方面，我们的影响可以是关乎数百甚至数千人生死的区别。"

　　要做出这样的贡献，你首先必须有信心，确信你能够做到，即使某些任务似乎是不可能的，也要相信经过努力那是可能做到的事情。"你可以做任何事"是塔皮奥特灌输给新兵的理念。"如果你不能做到，"马坦咯咯地笑着说，"你知道另一名塔皮奥特毕业生要么已经做到，要么即将做到。没有什么事情是不可能的。"

　　塔皮奥特学员从入伍第一天开始，就接受他们可以做到任何他们专注去做的事情的这种教育。这个计划是如何给学员注入如此自信的？

　　哈阿南·格芬（Ra'anan Geffen）是一名毕业于第三期的塔皮奥特早期毕业生，1981 年加入以色列国防军。他说："塔皮奥特给你灌输了一种你在其他地方找不到的自信，但你还是要表现你自己。"其中一部分是通过实际的现场工作来实现的。

当你在学习高难度，并是很重要的课程时，就是在做这些铺垫工作。即使你不能够立即理解，但课程教材是以实用的方式来讲授的，甚至那些落后者也能理解它，也许理解会慢一些，但无论如何，他们会理解它的，这会给你很强的信心。

在他们的研究和发展的服役期头几个月，毕业生们有时会得到数百万美元的预算，以创造和改善以色列国防军的武器储备。责任重大，他们从经验丰富的设计师和程序员那里得到的帮助，往往让他们处于至少能取得一些成功的境地。他们越是成功，就越相信自己。他们从第一天起就接受这样的教导，如果他们没有答案，在塔皮奥特学习给了他们一个难得的优势。他们将会在相差一两个级别的范围内找到另一位塔皮奥特毕业生，他或者知道他们正在着手解决的问题的答案，或者至少有可能会引导出一个解决方案的答案。

塔皮奥特不是要做一台产生想法相同者的机器。创始的人们构想了一个计划，为其学员提供一个平台，去做他们想做的事情。该计划的目标是培育创造力，而非趋同意识。没有任何两个从塔皮奥特项目毕业的人是相同的。该计划对那些已经做了许多虽各不相同但同样都令人难以置信的事情的毕业生产生了终身影响。

塔皮奥特还适合帮助新兵在其系统内外进行工作和思考。它还努力培养学员的领导能力，因为许多毕业生将会管理以色列最具创造力的工程师、航空电子设备专家、计算机程序员和情报分析员，并与他们密切合作。

一位内部人士说,培养学生思考的方法之一就是与他的长处作对。"不要让他依赖已经习惯了的学习或解决问题的方法。如果你强迫一个人用不同的方式学习,你也就是在迫使他以不同的方式思考。"

用来发现学生隐藏潜能的工具包括超负荷的训练、强迫学生们在一起工作和学习,以及塔皮奥特学员与现任和前任的指挥官搭配。塔皮奥特毕业生(在以色列军事工业联合体内外)未来成功的其他关键因素包括在时间管理方面的非正式指导,以及塔皮奥特精于培养学生在实现目标过程中分辨主次的能力。

塔皮奥特学员被赋予了大多数士兵直到年龄较大且经验更丰富时才会接触到的东西:关于事情是如何运作的信息。在广义军事环境中,士兵就是士兵,他在一个只需知道的环境下工作。塔皮奥特的目标是扩大学生的知识面,这样他们就能更清楚地了解,在把指挥官和他们下层的男女士兵分开的绿色帘子后面发生的事情。

这一重要基础的提炼,在很大程度上来自一个曾经领导过MAFAT 的人,即伊扎克・本-以色列将军。他于 1949 年出生于以色列,当时独立战争接近尾声。如果在他十八岁时存在塔皮奥特这个选择方向的话,他将会是个完美的候选人。伊扎克将军有着火箭科学家的智力,特种部队指挥官的体力和名副其实的军事领导人的信心。

他的研究集中在数学和物理学(哲学,为了好玩)方面。

在本质上，他是塔皮奥特存在前的塔皮奥特军人。他的履历是一名真正无名英雄的履历，一个在军队中度过一生却没有被广大公众注意到的人。

伊扎克正好在 1967 年"六日战争"之后加入以色列空军。在领导 MAFAT 之前，他在以色列空军情报和武器发展部门担任高级职务。他负责以色列空军运筹研究处。他因开发出至今仍然保密的安全系统而两次赢得以色列著名的"安全奖"。伊扎克·本-以色列第一次获奖是在 1972 年，当时他才二十三岁，他成为有史以来最年轻的获奖者之一。熟悉他第一次获奖情况的人说，这与他为以色列的战斗机研制了一个改良武器运载系统有关。第二次是在 2001 年。这一奖项在保密方面比第一次更为云山雾绕，据说这与他在一个涉及未来战争概念的重大项目上的工作有关。以色列国防部的一位官员（由于安全原因不能透露其姓名）说："伊扎克将军开发的技术仍然是我们武器储备中的主要秘密之一。"

他还领导过以色列空军情报分析和评估单位。在这个位置上，他的工作是分析敌人是如何思考问题的。为了做到这一点，他试图像他们那样思考，把自己放在叙利亚、埃及、约旦、伊拉克、黎巴嫩（后来还有伊朗）领导人的立场上。

他在领导 MAFAT 的时候经常利用这些经验教训。在此期间，他还负责塔皮奥特计划。伊扎克通常会提到他的情报工作，试图教会塔皮奥特学员智取他们外部的外国敌人，以及他们在其他军事部门的同辈。课程作业、教学计划、专题讲座和军队服务都是根据这一目标重新设计的。

　　要取得像伊扎克·本-以色列那样的成功,在思维方面需要与你的同龄人有些不同,并且与世界上普通公民的思维方式迥异。而伊扎克将军一直不遗余力地帮助塔皮奥特学员领会他心中的一个角落,使他们能够接触到这种推动以色列国防军在战争技术上远远领先于该国敌人的思想。

　　每隔几年,伊扎克就从在特拉维夫大学(他领导特拉维夫大学科学和技术安全讲习班)的教学任务中抽身,带领在校和以前的塔皮奥特学员进行为期一周的创造力休假,在这期间他们可以建立友情、分享故事和信息,并提高他们的创造性技能。

　　在其中一次休假中,来自几个塔皮奥特班的青年男女(有些还是现役,有些是预备役)被车载到内盖夫,并被丢进一个旧空军营地中。他们被分成了小组,并被告知要想出一些他们想创造的东西,一个星期内就能完成的事情。他们所需的材料将会得到供应。

　　一个团队想出了一种汽车除臭剂,可除去新车的气味。该团队分析出了这种"新车气味"的化学成分,并采用喷雾来复制。另一个团队想出了设计一个小盒子,可以扔进马桶的水箱来消除冲水的声音。身躯庞大的伊扎克将军观看了这项发明的示范。他问年轻的塔皮奥特学员他们为什么会花时间做这样的事情,他们回答说,他们有时会在上洗手间时打电话给他们的朋友,但没必要弄得那么明显!

　　当男女青年们从一个全新的角度去处理问题时,这位将军感到欣慰。他说："我们做了很多这样的活动来鼓励塔皮奥特的人们以一种创造性的、脱离条条框框的方式思考问题。"

伊扎克将军的整个军旅生涯都是在跳出条条框框思考中度过的。在"赎罪日战争"之后，他帮助分析关键性数据。他至今仍然用他得到的教训来教授并展示他的不同思维方式。

例如，在"赎罪日战争"之前，情报部门主要寻找证据来支持他们对叙利亚和埃及军队仅是在进行演习的猜测——这正中阿拉伯军队的下怀。伊扎克回忆说："然而，不时有一些信息推翻了这种猜测。例如，战前几天，苏联用专门包机把在埃及和叙利亚的苏联顾问的家属送回了莫斯科。如果军队只是在进行演习，就不需要这样做。但以色列情报局局长说，'好吧，我有这么多的信息支持和证实演习猜测，只有少量信息否定它。因此，我认为最具有可能性的是演习猜测。'我的方法不是寻找支持证据。我要寻找反驳证据。如果他采用了我的模型，他会在这里看到两个可能的猜测：演习或战争。针对演习的猜测我们有强烈的反驳证据，俄罗斯家庭集体离开可能成为战区的区域。这应该是敲响了危险的警钟。"

"在1973年，如果情报机构，特别是摩萨德，更多地去思考反驳证据，他们就会采取跟进行动，观察阿拉伯军队是否确实在进行据称的指定的演习。他们会立即发现，埃及和叙利亚都没有真正完成演习。这一切都是假信息宣传活动的一部分。埃及人会发送电报说，这支部队应该进行这种演习，那支部队应该做那个，他们知道我们会拦截他们的通信。但我们从来没有进行核实,看出这些军队实际上都不理会这些电报。那是个致命的错误。"

"除了相信他们正在为战争做准备的猜想之外,很容易会有第三种选择:可能有某种形式的战斗,但它可能不会是一场全面战争。也没有人想到这一点。"伊扎克采用他的"反驳证据模型"并且被证明是正确的。他总结说:"同样的事实,看待它们方式不同。"

尽管前情报官员经常会落后于时代,但伊扎克将军的传奇性、独特的思维方式,使以色列的情报机构至今仍以非正式的方式来咨询他的意见。2011 年年末,他一直在分析"阿拉伯之春"。

"我们收集了很多关于我们周围发生的事情的数据。有时我们知道事实,有时我们认为自己知道,然后发现了不同的情况。有时我们掌握了我们相信是事实的信息,但是后来结果是不真实的。你所知道的,或认为你知道的,和你必须做出的决定之间的关系是什么?"

"要做一个决定,你必须估计这个决定会产生什么结果。例如,拿'阿拉伯之春'这个例子来说。你阅读了很多关于它的资料。你在电视上看到报道。你把你的特工人员派到那些正在革命中的国家或那些可能将会看到革命的国家。你监视事态发展。你收集大量信息。但是我们应该怎么办呢?"

"要回答这个问题,你必须评估这场'阿拉伯之春'可能会发生什么事情。你会得到民主吗?也许你会落得被穆斯林兄弟会接管的下场。这些国家经历了一两年的革命之后会回到他们原来的状态吗？你需要权衡局势可能发展的所有的可能方式。有些人认为，如果你研究的时间足够长，你可以计算出会发生什么，但我不这么认为。根本没有办法判断将来会发生什么。这是个逻辑问题。"

"这里有个简单例子。如你看到一只白天鹅，然后是第二、第三、第四、第五和第六只。但你仍然不能断定所有的天鹅都是白色的。逻辑上是不可能的。一旦意识到这是不合乎逻辑，你会怎么做？在心理上，我们天生会在类似的情况下相信过往的经验，但如果我们不能这样做，我们在世界上应该如何把握自己呢？"

"我认为有个方法，尽管它不是我们本性中所固有的。我们天生有归纳能力，从过去的经验中总结出共性。如果你把手放在火里，感觉到热量，你就不会再把手放在火里了。但也许你手上的痛可能不是由火引起的。如果你是一个科学家，你可以通过从不同角度把手放进去，或者把另一只手放在火中来检查你的事实。你会做各种各样的测试。这种标准的科学思维方式在情报世界里会很有局限性和破坏性，甚至是致命的。就像许多人所做的那样，对于即将涉足研究开发或情报部门的塔皮奥特新兵来说，放弃这种思维方式是至关重要的。"

跳出条框思考并不排除从过去的错误中吸取教训，这种品质对于伊扎克将军来说是荣誉勋章。在他担任 MAFAT 领导人的时候，作为塔皮奥特事实上的领导人，他实实在在地推行了这一点。直到今天,当他对塔皮奥特班级做演讲时,他仍然会讲述有关过去错误的故事,并试图让学员们理解他的思维方式,使得他们能够学习以不同于我们大多数人天生铸就的方式来思考问题。

这是训练的关键,不仅对正在项目里受训的学员来说是如此,而且也适用于正在经历生活的男女青年。

阿米尔·施拉赫特,从塔皮奥特转移到银行界担任主要职位后,使用伊扎克那样的思维方式来解决他工作中遇到的问题。虽然这对大多数人来说可能并不常见,但阿米尔怀疑,一位塔皮奥特人通常具有某种赋予他以不同方式进行思考的能力的内在东西。"塔皮奥特学员的强项之一是他们天生就具备多学科能力,哦,我们还一直有很强的好奇心。"任何老师都会告诉你,最好的学生往往是个好奇的学生。

第8章
现实检验

　　如果学术是塔皮奥特训练的脊柱的话，那么中枢神经系统就是学员从部队到部队获得的经验。在每次部队到部队的访问中，目标是把学生在希伯来大学课堂上学到的理论课，应用到真实的实地训练和战斗情境中。

　　当塔皮奥特计划开始时，军方坚持一个观点：学生必须是以色列国防军的一部分。它的早期领导人明白，该项目要取得成功，年轻的学员们必须要看到他们在国防军里的其他兄弟姐妹们面临的问题，使他们能够想出创造性的方法来帮助他们，并在所有层面上提升以色列国防军的工作和战斗方式。

　　成功进入该项目的学生很快就开始访问陆军、海军和空军的不同部队，让他们感受到教室以外的实地在发生什么事情。但由于塔皮奥特仍然处于保密状态，也因为不同军阶之间的竞争和猜疑，很难成功地将塔皮奥特的学生融入军队的其他部分。

起初,部队到部队的访问是在无计划无组织状态下进行的。由于塔皮奥特计划从获得批准到项目真正启动没有太多时间,几乎没有机会通知那些战地指挥官们,而他们的帮助是至关重要的。于是当时就有了很多"匆忙和等待"的情形——上巴士,然后在检查站外面等待。塔皮奥特学生所到之处,住宿和膳食都是到最后一秒才安排的。甚至为各种塔皮奥特训练课程获取弹药也很困难。虽然有例外情况,但相关部门通常都没有让学生们感到特别受欢迎。

然而,海军情报和技术部门却截然不同。那里的军官通常受过更广泛的教育。虽然海军很重要,但是它没有被视为一支有着像坦克部队、伞兵和空军那样的历史和荣耀的部队。海军给了许多早期塔皮奥特新兵从高层接触以色列海军军官所面临的问题的机会,并为他们提供帮助,尝试开绿灯。数名塔皮奥特前三期的学员后来在海军部队提供了广泛的服务。

奥菲尔·肖汉姆于 1980 年被塔皮奥特第二期录取。他是个喜欢打闹、做事认真的学生和士兵。他在塔皮奥特同辈中最讨人喜欢,他们赞扬奥菲尔把小组团结在一起。

他在与塔皮奥特同学一道参加基本训练期间很快成为传奇。当时遇到一个伞兵部队的年轻新兵在找一个塔皮奥特学生的麻烦。几分钟后,个子矮对方许多的奥菲尔走到十八岁的恶霸面前,告诉那家伙"走开! 想找茬找别人去。"那名新兵拒绝了,并且推搡他。但是奥菲尔已经在丰富的初步武术训练中表现出色，还没等大家弄明白是怎么回事，那兵霸突然被甩飞了出去，结果他摔断了腿。后来他因为无法完成训练被开除出伞兵。

事实上，在塔皮奥特早期，许多学员不仅受到其他士兵的欺凌和虐待，而且还受到战地训练指挥官的欺负。后来，国防部派出的一个特别调查小组承认存在这种现象。

随着塔皮奥特成熟起来，一场战争正在以色列以北的黎巴嫩肆虐。多年来，由恐怖组织主导的对以色列人的恐怖袭击，激怒了当时由梅纳赫姆·贝京总理领导的以色列政府。（这些团体实际上在1975年开始的黎巴嫩内战期间的权利争夺战中，夺取了贝鲁特和黎巴嫩的其他地区。）

有两次袭击特别令人愤慨，以至于以色列政府认为除了做出反应别无选择。首先是通过黎巴嫩边界渗入以色列北部的恐怖分子劫持了一辆公共汽车。这次袭击导致三十八名以色列平民被杀害，其中包括十三名儿童。随后，以色列驻伦敦大使史罗莫·阿尔果夫遭暗杀未遂。枪击事件让大使昏迷了好几个月。他虽然幸存下来，但因此瘫痪了，后来又失去了视力。

在黎巴嫩的战争很快在以色列引起了争议，因为许多公民认为以色列已经进入了一场本来可以避免的全面战争。许多人争辩说，还有其他的方法来击败由黎巴嫩涌现出的恐怖浪潮。

无论好坏，战争往往导致创新，在这种情况下，聪慧的塔皮奥特学员和以色列的军事研究和发展部门就在那里利用战争带来的机会。黎巴嫩成为塔皮奥特的一些早期成员的军事训练场。他们能够目睹前线的战争——看到哪种武器在起作用，哪些出了问题，哪些系统需要重塑。以色列的军事机器需要想出新的作战方式，塔皮奥特来为之助力。

在该战争中诞生了一个后来被称为"战利品"的系统。这是一个安装在坦克上的反火箭弹装置，目前正在以色列坦克部队的梅卡瓦坦克上服役。它会自动发射一枚导弹来拦截和误导飞来的反坦克火箭弹头，拯救坦克内乘员的生命。塔皮奥特学生和他们的一些导师在使"战利品"投入实战运作中起了很大作用。

随着一场备受争议的战争导致以色列对黎巴嫩南部有争议性的占领，塔皮奥特的部队计划开始采用更具体和制度化的形式。陆军、空军和海军部队开始认识到塔皮奥特计划会持续下去，并且它不是个由被宠坏了的书呆子组成的单位，塔皮奥特的学生确实是来帮助他们和未来的以色列国防军战士的。他们在解释他们所面临的问题、他们的成功和失败时越来越直率。最重要的是，他们扼要地介绍了他们在什么地方需要什么样的帮助。

塔皮奥特学员的合作和特别训练越来越受到鼓励和接纳。最终，一个非常具体和有组织性的计划诞生了，它帮助塔皮奥特军校学员真正尝到在以色列领空的战斗机里、在飞机加油和维修的机库里、与"绿色部队"在战壕里、在坦克里、在装甲运兵车上、在运载伞兵到他们跳伞区域的运载机上、在海里的军舰上，甚至有时是在实际战场上的生活味道。

从与战斗部队开展的训练课程开始，塔皮奥特和这些部队之间建立联系。塔皮奥特军校学员实际上会在实战中与他们的战友们做同样的工作。他们不仅学习如何更换坦克履带，而且还改变了履带。他们不仅了解坦克上搭载的武器，而且还进入坦克，驾驶坦克通过障碍，锁定目标并且开火。他们在战斗机模拟器中模拟飞行，他们使用机枪和火炮射击，他们与以色列国防军工兵队一起安放炸药，他们与伞兵一起从飞机上跳下。他们与海军指挥官们在海上航行，在以色列的潜艇上潜入水下。

不久，这些部队的普通战士和军官们开始与他们的塔皮奥特同事们进行训练评估：他们希望有更多时间来解释他们面临的挑战，期望塔皮奥特的研究能够全面帮助他们和他们的部队。

欧非尔·卡-奥兹在美国度过了一段时间，当时他父亲在乔治亚州担任企业高级管理职务。1991年，在伊拉克用飞毛腿导弹对以色列发动一连串攻击后不久，他被招募进入塔皮奥特第十三期学习。

他认为，从部队到部队的经验交流让塔皮奥特学员更接近以色列国防军的其他部队。他说："当你举起45公斤的炸弹把它砸在手上，然后四处移动它之后，你会说'嗯，这很重'。然后你说'我们来尝试把它们变轻，但保持同样的威力'。在实地看到问题是有益的。虽然你只有十八岁，但你却能看到军队的很多部分,你得到的信息实际上比大多数将军都还要多,将军们只能看到在他们指挥下的部队里的东西。大多数将领可能是某一领域里的专家,有他们自己的部门,但他们从来没有接触到军队的这个视角。"

欧非尔指出,花时间在这么多部队里,让塔皮奥特毕业生能够更无缝隙地思考。"几乎所有的项目都是整合性质的,这是个很大的优势。相比之下,那些在大学里学过一些东西,毕业后去一家公司在一个非常具体的专业领域里工作的人,随着事业的发展,他们的专业领域变得越来越具体。虽然我们(塔皮奥特学员)有来自数学、物理和计算机科学的专业背景,我们需要明白如何把理论贯彻到实际系统和真正的产品中去,来帮助最终用户,在这种情况下,采用的是整合方式。"

"比如拿铁穹为例,这是个针对短程和中型火箭的反导弹系统。它的一部分是由塔皮奥特毕业生采用一位学员的想法开发出来的。你需要新技术,而且真的是很快就要。它结合了至少五到十种不同的技术。除导弹和弹道学外,你还需要用软件来判断这枚导弹会不会击中一个人口稠密的地区。在军队里我们所看到的东西是如此多,真的有助于我们理解一切事物是如何汇集在一起以及如何相互关联的。"

萨尔·科恩于 1996 年毕业于塔皮奥特第十五期,他承认看到军事机器的不同需求及各种推动它运行的技术具有指导意义。"我从一开始就对此最感兴趣。我希望听到关于军事技术的介绍,他们对此非常开放,希望我们能有办法让它变得更好、更先进、更具保护性和更容易使用。到我加入塔皮奥特的时候，他们鼓励我们做了很多事情。"

萨尔也被不同部队之间的友情所吸引。"所有部队都有某种自己的准则，这让我着迷。更重要的是，它让你直接思考你为什么会这么努力工作。这些都是真正的血肉之躯，在某种程度上，正如我们依靠他们来击中他们的目标一样，他们也依靠我们来破译敌人的密码，拿出更好的情报，重新配置武器，并利用物理学使他们在战场上占有更大优势。当你置身实战情景的时候你就会突然明白，你很年轻的时候就接触生死状况和军事秘密。十八九岁就看到那种层面上的东西会令人清醒。它很快就会让你意识到，你真正是那部机器中多么重要的一部分。"

团队合作是萨尔从军队中学到的另一个经验。关于在部队时从事软件程序工作，他这样评论道："在大多数情况下，你在一个团队里工作。在编写代码时没有人监视你。但就像其他任何地方一样，那里也有经理和主管。尽管监管比企业界少，但在这种环境下，你会有很大压力。但你总是可以找到可以沟通和征求建议的人。最重要的是，你团队里的人们总是乐于助人。这是一项使命。你所做的每件事，你所从事的每一个项目都是一项使命，我们都以这种方式看待它。"

如今，按照国防部研究与发展规划者们的要求，部队到部队的培训时间长度从两天到两周不等，这取决于具体分支、该部队工作的复杂性，以及该部队今后可能需要多少帮助。几乎每个以色列国防军部门都会在塔皮奥特学生没有文化课学习的那几周里接待他们。塔皮奥特夏季不放假。大多数学员会告诉你,从部队到部队的参访是整个塔皮奥特培训经历中他们最喜欢的部分。

第**9**章
用键盘攻击

2013年7月,正值叙利亚内战期间,当炮弹时而落在以色列北部,伊朗继续其核材料生产,埃及的政治动乱使哈马斯得以武装自己的时候,以色列的两位最高军事领导人来到了隐藏在以色列中部树林中的一座不起眼的建筑物。该区域唯一的武装战士是大门口和综合建筑物门口的守卫。

总参谋长本尼·甘茨(以色列最高级别军官)将军和国防部长摩西·亚龙(前总参谋长)①出席了为在以色列境内称为"8200"部队的男女战士举行的一个特别仪式,这在以色列有史以来还是第一次。在大多数军队中,顶层高级军官去参观一个头脑重于体力、敲击键盘和在战场上发射武器一样重要的设施的例子并不常见。

---

① 英文版为 Minister of Defense Moshe "Bogie" Ya'alon (a former chief of staff)。

8200 部队是由一群数量相当庞大、整天在电脑上工作的精英战士组成的部队。他们几乎可以侵入世界上任何一个军事网络。有传言，8200 部队能够攻入远近敌人的电子系统，关闭发电厂、雷达站，切断敌人和盟友的电子作战能力。对以色列来说，8200 部队已经变得和坦克里的战士和驾驶 F16 战机的飞行员一样重要。一位熟悉以色列军事行动的消息人士说，"8200 部队现在几乎参与了我们所做的一切。"

本尼将军和摩西祝贺 8200 部队的确切原因仍然是机密，但很明显该部队是做了一些特别重要的事情。当本尼将军向该单位讲话时，他特别强调了它在情报中的秘密贡献："实时传送的情报使以色列国防军能够在任何时候掌握清晰和准确的情况，并为迅速有力地行动提供动力……其在战场上的威力已得到证明。"国防部长在他的讲话中补充说道："你们及时识别威胁的能力使预防成为可能。本部队是在我们周围的技术世界里应对频繁变化的正确手段的范例。新的威胁创造新的竞技场。"

虽然每年有数十名以色列顶尖的高中计算机学生被招募进入 8200 部队，但正是塔皮奥特毕业生在指挥和创建这支部队的项目中扮演着重要角色。

8200 部队的职责之一，是运作一个大规模的监听和信号情报收集设施，它能够拦截世界各地的信息。虽然 8200 部队的能力是全球性的，但它的主要任务之一是监听以色列边界不远处，在加沙和约旦河西岸有争议的领土内发生的事情。该部队曾立下挫败数十次恐怖袭击的战功，并帮助以色列安全部队以先发制人的手段逮捕了恐怖分子。

尚未得到以色列证实的报告称，2007 年 9 月，八架以色列战机从内盖夫空军基地起飞。他们的任务是：摧毁在叙利亚东部离伊拉克边境不远处的一座正在建设中的核反应堆。这些飞机成功跨越包括土耳其在内的数个国家的边界，以便迷惑雷达系统。来自以色列以外的报道说，8200 部队也发挥了作用，入侵了叙利亚的雷达防御系统，并限制它发现即将到来的以色列飞机的能力。以色列战机成功地发射了导弹并且投掷了炸弹，然后安全返回在以色列的基地。

不久之后，来自以色列境外的报道说，8200 部队的程序员们再立战功，取得了又一场重大胜利，这次是针对伊朗核计划的胜利。据报道，以色列总理办公室曾要求他们与摩萨德合作开发某种病毒，用来感染、扰乱和监视伊朗境内用来开发该伊斯兰共和国的核计划的计算机工作站。他们的答案是：震网蠕虫病毒。

震网病毒是一种计算机蠕虫，被用来感染伊朗的计算机，也被用来给外人控制伊朗的离心机（或者至少是使伊朗失去对这些离心设备的控制），因为离心机将核材料提纯至可用于炸弹和导弹的水平。据报道，美国在震网病毒方面也发挥了重要作用；它与美国的战略是一致的，即在不对核电站进行物理攻击的情况下，扰乱和延缓伊朗的核野心。

前摩萨德局长梅依尔·达干（Meir Dagan）在 2012 年接受

《60 分钟时事杂志》采访时被问及震网病毒。如果他正式评论以色列在这一行动中的作用，那将是叛国行为，因而他只是咧嘴笑了笑，让许多人觉得这就足够确认了。

既然没有人声称与之有关，就无法判断震网病毒是否真的成功了。虽然它至少减缓了伊朗的核计划，但该程序可能会造成更大的破坏，或者长期监视这个计划。因此，它的整体成功必须受到质疑。

震网病毒并不是针对伊朗核设施内的计算机发动的唯一攻击。2012 年春季，一个名叫 ACDC 的病毒袭击了伊朗的纳坦兹和福尔多（Fordo）核设施。有人在一个互联网留言板上引述了在伊朗境内的一名了解该恶意软件的受害者的话说，在半夜也有几个工作站上在随机播放了一些音乐，音量开到了最大。我相信这是在播放 AC/DC 乐队的"五雷轰顶"。合众国际社（UPI）关于该事件的一篇报道说，这一则消息无法得到证实，但有人相信它来自伊朗原子能组织的工人。

我们在第 5 章第一次提到的欧非尔·卡-奥兹，在伊朗的电脑被这个高端间谍软件感染之前，早已经从部队退役了。但在震网病毒计算机攻击计划启动很久以前，塔皮奥特第十三期的欧非尔在 8200 部队中扮演过重要角色。在塔皮奥特学习时，欧非尔渴望尽他所能了解一切关于以色列国防军的事情。他充分利用了塔皮奥特部队到部队的实地考察，了解炮兵、装甲部队、海军、以色列航天局、作战部队、战斗机、雷达和武器发射系统。

但他的心一直在技术上面。从塔皮奥特的学术训练计划毕业后，欧非尔转移到 8200 部队，致力于开发用于检索存储在以色列军事机器的计算机服务器上的数据的软件。他把它描述为军用"谷歌式搜索引擎。"它采用特别编制的算法，为情报机构和军方的其他部门挖掘了大量的信息。该系统能够非常快速地找到非常具体的信息，它的设计使诸多有许多不同背景的人能够快速理解并使用它。

欧非尔在 8200 部队开始是一名程序员，然后成为一个团队的领导者，后来成为这支精英部队光荣历史上最年轻的部门负责人之一。在他后来的职业生涯中，欧非尔在与风险投资家讨论他的经验时指出，8200 是一支大部队，但它像一系列小的初创公司那样运作，不同的团队在不同的项目上迅速工作，但是他们相互之间总是保持着接触和相互协调。

虽然严格的塔皮奥特培训计划为他在 8200 部队工作做好了准备，但是压力仍然很大。"在 8200 军队非常贴近你，非常苛刻，总是对一个项目有强烈的意见。我们可能会被要求在几天时间内去做在民间需要花一年时间做的事情。如果我们丢失了信息，其结果可能非常严重，因此有人可能会有生命危险。如果你知道这家伙拿着一枚卡萨姆火箭将要开火，这是相当严重的情况。我能够帮助设计出程序让军队抵御这些威胁。"

"我在军队的时间也给了我一个宝贵的教训，这是我后来在平民生活中所需要的：你必须放权。军队的客户是没有办法满足的，因为问题毫无止境。你在资源有限的情况下，不断地从世界各地采用多种不同的语言实时收集信息和深刻见解。另一方面,他们没有企业界那样的经济手段可利用。在平民生活中客户可以拒绝付款。而在军队里,他们充其量不过是冲我大喊大叫并告诉我他们不高兴。"

许多其他塔皮奥特毕业生也参与了极其重要的情报活动。出生于阿根廷的亚当·卡利夫在其家人移居以色列之后,经常感觉像个局外人。由于缺乏其他家庭拥有的那样的关系和人际网络,他深信他永远不可能成功,因为以色列似乎是个人际关系至关重要的地方。当他看到关于塔皮奥特的电视报道时,突然茅塞顿开。这就是他想要去的地方。亚当以为他进不去,但是他通过了高难度测试,并于 1997 年成为塔皮奥特第十八期的一员。

毕业后,他立即被派往以色列情报部队的一个技术分队。他在接下来的九年里,开始是担任软件工程师,后来成为一个分队的领导。他所做的一切都是高度机密,但他的工作是为军队提供的新方法来监视以色列周围发生的事件,以及跟踪以色列需要监视的人:从高级官员到可能在策划袭击的恐怖分子。

他每月收到的工资约为 400 谢克尔[①],大约 125 美元。"而你在私人企业工作可能是一个月 3 万 ~ 4 万谢克尔的收入,"亚当笑着说,"但你会竭尽所能做好你的工作,因为如果你不把事情做好,它可能会大大影响某个人的生活,也许这个

[①]　谢克尔,以色列货币。

人是在前线努力保护你和你的家人的战友。这是个很大的责任，我每天做任何事情时都会竭尽全力去做。每按一次键都有它的意义。需要一段时间你才能够完全理解自己的工作可能关系到生死。即使它不是每时每刻都生死攸关，即使在那些不那么直接和不那么重要的时刻，它仍然非常重要。"

另一个从塔皮奥特被招募进军事情报部门的是哈盖·思克尼科夫。他回忆说："我去了一个有很强数学和科学人才的分支。""这是个需要数学家的小地方。到那里是一种震撼，有很多东西需要学习和吸收，这是一群了不起的人。我在那里研究数据分析和算法。我的部门有一个非常紧凑和具体的领域，已经发展了几年，这在以色列情报界的某些部分是众所周知的。但它不是那种能得到外界关注的单位，这是有意为之。我们的基地位于特拉维夫的北面，里面设有许多类似的单位，彼此之间几乎没有联系，因为我们并不总是应该知道其他单位在做什么。"

哈盖对他在该情报单位所做的事感到非常自豪，但他不是什么都能告诉别人。他说："我们都很擅长在不告诉你任何我们不能说的事情的情况下谈论我们所做的事情。我们知道如何绕过细节。"他继续说道，"没有两个项目是相同的。这非常令人兴奋。这不像为某个客户工作，你在为自己的国家做事情。你对安全和以色列军队的成功有直接的、有时是非常明显的影响。他们让我们做过很多重要的事情。我有十年时间都在参与解决一些通常被认为是无法解决的问题。我们解决了许多不可解决的事情。记住,塔皮奥特会教你没有什么事情是做不到的。当然,他们不完全是这个意思,因为有些事情是不可能的。但他们训练我们这样去思考。如果你以不同方式去考虑这个问题或发现漏洞,你就可以将无法解决的问题向前推进。"

尤里·巴尔凯从塔皮奥特毕业后也曾在一支作为以色列国防军的主要神经中枢的精英情报部队服役。他以软件专家的身份进入了这个项目。虽然他的角色对以色列的情报收集机器来说非常重要,但他从来没得到过他的工作成果用途的全貌。它仍然属于机密。

巴拉克·皮莱格(1999年塔皮奥特第二十一期)加入了信号处理部。他的任务是开发软件,用于跟踪以色列国防军高度感兴趣的人留下的雷达、无线电、计算机和其他通信痕迹,包括整个中东地区的军队。他们在使用的电子设备、相互之间的通信,以及与其他资助和培训他们的国家的政府之间进行交流等方面变得更加老练。这个名单很长,包括伊朗、叙利亚、黎巴嫩和许多与恐怖主义有密切关系的中东国家。

他解释说:"信号处理是获得信号,将它数字化,然后利用它来处理在这上面发生的任何事。如果它是一个信号传输,媒介对它发生了什么影响,并处理媒介对它发生的作用。这是针对传入和传出信号的处理方式。然后对数据进行分析,然后由军队情报组织阿曼(AMAN)进行更深入的分析。它真正能够为他们打开一扇了解远在我们边界以外的地方正在发生什么事情的窗口。"

回顾他的塔皮奥特经历时，巴拉克猜测："关于塔皮奥特的最重要之处：许多毕业生都没想过，而且公众也不知道——就是他们把我们变得无所畏惧。很难有什么事情可以吓倒你。你可以应付任何事情。"

2010 年，处理未知情况的任务被交给了伊扎克·本-以色列（Yitzhale Ben-Isral）将军，他曾担任 MAFAT 主管和塔皮奥特讲师。那时候，人们已经清楚地意识到国与国之间正在进行网络战争，网络控制权将是未来任何军事行动的关键因素。

伊朗也越来越擅长通过计算机进行网络战和间谍活动。这个伊斯兰共和国的电脑黑客入侵了沙特阿美石油公司的计算机系统，清除了重要信息。伊朗的电脑用户也被指控攻击美国的金融系统，并使美国银行的网站崩溃或减速。各国必须能够保护自己的金融和有形基础设施免受千里之外使用计算机的敌人的攻击。

伊扎克被任命为内塔尼亚胡总理的网络顾问。伊扎克的第一步行动之一，是在 2011 年 8 月 7 日创建了以色列国家网络局（INCB），并任命塔皮奥特毕业生埃威亚塔·玛塔尼亚为局长。网管局的目标是向总理提供关于管理这一新的关键战线的建议，在这方面执行任务需要防御和进攻。如果国家受到某种网络攻击，它就要像人们期待在以色列遭到物理攻击时"后方司令部"所做的那样，为持续"正常生活"提供条件。

设立网管局的另一个原因是为了扩大以色列在网络战领

域相对其在中东的敌人的领先地位。随着以色列的敌人在发展自己的网络能力,创建网管局是为了维持关乎以色列存亡的至关重要的技术优势。

埃威亚塔于 2011 年 11 月应邀参加以色列内阁会议,不久他成为以色列国家网络局的负责人。他告诉政府人员,网络攻击是"对人类社会的广泛威胁"。虽然这是对国家的挑战,但也是一个经济机遇。我们对学术和产业领域的投资越多,从经济和安全角度来看,得到的回报也就越大。内塔尼亚胡总理紧随着埃威亚塔向内阁解释道:"以色列是网络空间中的一支重要力量……正如我们开发了前所未有的铁穹系统来成功拦截导弹一样,我们正在开发一种'数字铁穹系统',以保卫我们国家的计算机系统免受攻击。网管局首先是为基于三个要素之间的合作来组织防御能力而设计的:即安全能力、商业界和学术界。"

2012 年,埃威亚塔建立了一个国家网络战况工作室,以评估从外国计算机上发起的对以色列的威胁。它的目标是拥有一个中心位置,让以色列的政治领导人可以去那里看到全局:国家正在遭受着什么威胁,以及正在采取什么措施来保护它。它还是一个高级军官、政府官员和商界领袖可以来分享信息的地方。

以色列国家网络局与以色列软件公司密切合作,保护国家免遭越来越多为敌对政府、恐怖组织工作的黑客,或互联网上独行侠式黑客的威胁。

埃威亚塔的另一个初期目标是在网管局与在以色列产业界和以色列顶尖大学里工作的计算机科学家之间建立清晰和直接的联系，其中包括希伯来大学、特拉维夫大学和以色列理工学院。这种多系统、多组织的项目管理是埃威亚塔在塔皮奥特时开发的一种方法，它高度重视信息共享与合作。他还为网络领域有前途的人才和项目设立了基金。2013 年，该基金为在网络安全领域有好的想法的个人、公司和大学预留了 2 000 万美元资金。

埃威亚塔·玛塔尼亚精明地利用该局来帮助宣传以色列在全球网络安全方面的实力，创造了数以千计的就业机会和数十亿谢克尔的收入。它也充当了一个与友好国家合作并分享有关威胁和敌人的信息的工具，与以色列的情报机构十分相似。网管局还是外国投资以色列技术领域的门户。

2012 年年末，网管局采取了新的步骤：设立了一个研究和发展部门。这与国防部几十年前采取的为以色列制造的武器进行大量研发投资的步骤相似。网管局的研究和发展部门因其首字母缩写被称为 MASAD（马萨德）。它涉及军事和私有领域的网络项目。以色列的初创公司、老牌软件公司的程序员、大学教授、政府人员和国防机构都被要求为这一尝试贡献力量。

随着马萨德宣布成立，MAFAT 主任奥菲尔·肖汉姆（另一位塔皮奥特毕业生）发表声明说："该计划是国防部为应对以色列目前面临的网络挑战而准备的额外一层。马萨德计划有望把基于企业和学术界的专有知识和能力的技术载体,与共同防御和民用需求联系起来。"

如今,通过网管局和马萨德,以色列始终处于网络发展的最前沿。自 1948 独立战争以来,战争发生了很大变化,当时一架被称为大卫卡的笨拙、不准确的大炮,可以仅凭借其刺耳的尖叫声和大规模的爆炸声吓唬敌人就能扭转战局。其聪明的发明者知道,当一支军队寡不敌众时,别出心裁可以补偿较小军队的不足。在这方面,8200 部队和网管局里有创造性和探索头脑的战士们,继续维护着以色列足智多谋的军事传统。

第10章
产生影响

　　在以色列国防军中，飞行员和伞兵获得了保卫国家的大部分功劳。坦克构成了以色列国防军的骨干力量。一支身影频现的以色列海军巡逻在红海沿岸，以及地中海海岸线上从加沙到黎巴嫩边界的地域。在情报方面，摩萨德在国外令人恐惧，在国内受人尊敬。当暴力爆发时，摄像机就会出现在行动的地方。记者与铁穹导弹防御阵地里的战士们交谈。他们拍摄吉瓦提和戈兰尼步兵旅的士兵，战士们身上挎着机关枪，背着沉重的背包和弹药。媒体记录下直升机和F16战机飞行员的声音，他们描述着他们的任务，同时隐藏他们的面孔，以保护他们的身份。

　　塔皮奥特的成员很少接受国内或国外新闻媒体的采访，而该计划对以色列的所有捍卫者们的巨大贡献公众也无从看见。然而，正是塔皮奥特的毕业生们，多年来一直在帮助把以色列国防军及其了不起的武器储备变得在战时和在战争冲突之间的平静时期都如此高效。事实上，塔皮奥特的毕业生为以色列的武器和技术储备提出的想法、设计和更新如此之多，以至于国防部甚至都没有保存一个官方的统计数字。

塔皮奥特对以色列国防的贡献远远超出了任何人的想象，它主要体现在三个领域：研究和发展；以色列空间计划；电子战。

以色列的太空计划是与塔皮奥特一起成长起来的。它的毕业生通过创造空间飞行器、电力系统、通信系统和研发以色列卫星上携带的摄像机，直接为以色列的空间计划做出了贡献。

在以色列的心目中，保持对阿拉伯军队和海军的领先地位尚不足够。它还必须领先于向对以色列造成持续威胁的国家提供武器和武器系统的第一世界国家所拥有的更先进的技术。

在塔皮奥特项目最初开始的早期阶段，海军从它的成果里获益最多，主要是因为它比其他军事部门更欢迎塔皮奥特。就在塔皮奥特成立之前，海军做了一些引人注目的深刻反思。

它在"六日战争"取得巨大成功四个月之后遭受了可怕的损失：以色列军舰埃拉特号在地中海的国际水域巡逻时，被埃及发射的俄罗斯最新式导弹击中。正当埃拉特号上的海军船员等待其他以色列军舰前来帮助疏散和救援的时候，埃及再次向受伤的军舰开火，将它击沉。四十七名以色列水兵在这次袭击中丧生，另有四十一人受伤。这次袭击事件让以色列感到震惊，因而对保卫海上舰队更加重视起来。

在那次致命袭击到 1973 的赎罪日战争之间的六年里，以色列海军非常繁忙。海军一直在操练。他们更新了设备，军官们研究了国外盟友海军的成功经验。

这一切都得到了回报。在"赎罪日战争"期间，以色列海军是以色列国防军中为数不多有非凡表现的分支之一。尽管总参谋部开始意识到海军的价值，但国防预算只有一小部分被划拨给海军。

当第一期塔皮奥特学生完成在希伯来大学的课程学习时，许多人倾向于加入海军。艾利·明茨在他的后塔皮奥特服役期间成为数据挖掘方面的专家。他是为以色列海军开发软件系统的先驱，利用算法改进雷达系统。艾利说："以色列海军在 20 世纪 80 年代规模非常小，但它非常先进。我在海军中非常积极地学习和运用我学到的东西。"对于艾利来说，那是一条双行道。他想为海军的创新之路提供帮助，但他也想了解那些已经在那里的人在研究些什么，以及他们是如何开发最先进的硬件和软件的。"塔皮奥特的好处之一，"艾利回忆说，"是在毕业后，你可以选择职位，假设你想去的地方会接收你的话。军队里没有其他人能这样做。因此我在海军中选择了一个项目，我在那里做过很多项目管理。它是从算法开始的，但后来演变成从技术层面管理项目的某些方面。我能够做到身兼两职：做真正的技术工作，还有项目管理。"

艾利从事的项目的确切内容仍处于保密状态。"在以色列国防军中,你不会去开发苹果音乐播放器之类的产品。你开发的是武器。我们开发了一种武器,它后来又由其他研发人员做了改进。"他所开发的武器已经部署了,但还没有使用过,因为以色列还没有进行过需要使用这种武器的大规模海战。他自信地补充道:"如果使用该武器,它将产生巨大而直接的影响。"

吉拉德·莱德勒是最有趣和生活最丰富多彩的塔皮奥特毕业生之一。吉拉德也加入了海军,成为在导弹舰上服役的塔皮奥特首批作战军官之一。(他退役后去了非洲工作,包括许多处于内战中的国家。在本书后面的章节里还有更多关于他退役后的惊人商务旅程的故事。)

吉拉德是在 20 世纪 70 年代长大的,他在孩童时期学会了航行而且一直喜欢大海,这在普通以色列男孩中并不常见。从塔皮奥特毕业后,他的第一个任务是去海军学院。他曾在萨尔4 型舰上服役,这是一艘快速导弹舰(大约重 400 吨,长 190 英尺)。他在重返研究和发展工作之前,在部队中一路晋升成为桥舰指挥官。他在海上学到的操作知识结合他的塔皮奥特训练,让他对以色列海军来说非常具有价值。

吉拉德接着去从事为海军开发和改进电子战系统的工作。他专门从事"被动电子战,为监测其他舰艇通信而设计的防御系统"的开发工作。吉拉德还致力于导弹规避电子系统的设计,以帮助以色列海军舰艇跟踪和规避自海上、岸上或空中发射的导弹。"如果你能扰乱他们的制导系统,他们就不会打中你。"他乐呵呵地说。他接下来还从事过船舶设计工作，提出了让以色列舰艇更难被雷达发现以及更难被导弹攻击的方法。

兹维·贝尔斯基目前是以色列仍在快速增长的制药和医疗器械行业的领导者和创新者。他在部队服役期间是个真正的创新者。他也是成为作战指挥官的首批塔皮奥特学员之一，并且也从塔皮奥特去了海军学院。他的任务是担任一艘以色列海军最先进的萨尔 4.5 型导弹舰的执行官。兹维夸耀说："它甚至有两个直升机起落坪。"

在海上服役后，他被调回陆上在以色列海军的研究和开发总部工作。他在这段时间设法学习了电气工程学，并获得了硕士学位。他的工作不久就成为海上使用的电子战系统的开发和创新。他和他的同事们想出了使用电子防御系统挫败攻击以色列军舰的导弹的新技术。他说："如果你有一种快速的导弹，可以击落它，很好。火箭对火箭。但是，如果你有一个能够误导和诱骗火箭的系统，那就更好且更稳定有效。你需要技巧。"

对于塔皮奥特毕业生哈阿南·格芬来说，海军也是通往国防部的研究和发展部门的道路。从塔皮奥特毕业后，他起初担任海军军官，然后开始开发新的雷达技术和反导系统。为了推进他的想法，使以色列和美国海军受益，他与美国境内的军事承包商分享以色列的海军技术。哈阿南介绍他的工作时说："一艘舰艇必须能够抵御一切威胁来保护自己。雷达是用来导航的，探测水中的危险，看到你视线之外的其他舰只。你需要地面雷达来防御飞机和无人机,没有雷达舰艇就是在黑暗中孤立无援。"

哈阿南坚称,有一个良好的系统还不够。海军船员必须能够正确使用它。在 2006 年夏天的第二次黎巴嫩战争中,真主党发射了一枚岸舰导弹。它击中了当时正在毗邻贝鲁特的地中海国际水域巡逻的哈尼特号护卫舰。四名以色列水手被打死,但船员设法把军舰运回到以色列进行修理。

在这种情况下问题很简单。哈尼特舰上的军官未能激活该舰上的雷达和反导系统,他们认为真主党缺少攻击这艘舰艇的技术,尽管海军情报部门警告说,真主党确实拥有岸舰导弹能力。直到今天,哈阿南仍然对不使用反武器系统来防范这种攻击的决定感到非常失望。

塔皮奥特也对以色列国防军的通信产生了巨大影响。由于以色列是一个很小的地理区域,在黎巴嫩、叙利亚、约旦、埃及和沙特阿拉伯,即使是最简陋的窃听设备也能轻易地接收到武装部队的信息传输。开发加密和为这些通信保密的方法是个主要优先事项。

这个领域的早期先驱之一是一位塔皮奥特第二期的毕业生,波阿兹·利频。20 世纪 80 年代中期他在军队服役时,致力于制造敌人无法拦截的无线电信号。以色列这段时期正在黎巴嫩打仗:起初与亚西尔·阿拉法特的巴勒斯坦解放组织(PLO)作战,然后是什叶派支持的团体,阿迈勒和真主党。

波阿兹在 1980 年被选入该项目之前从未听说过塔皮奥

特。他承认，当他加入了该部队时，他并不知道它是否会成功。"这是一场赌博。没有人知道毕业生能用他们学到的东西做什么。我感觉自己像是一个实验的一部分。该项目不断在发生变化。"

波阿兹出生在特拉维夫，在"赎罪日战争"爆发时，他十一岁。"随着火箭弹朝着城市射来，特拉维夫响起了警报。车灯就会被调暗，公寓里的灯光被关闭，让轰炸机在空中无法看清这座城市。我看了很多电视。有报道称有人死亡。我担心我父亲，他是个外科医生。他在特拉维夫附近的一家野战医院里等待着。我知道我有危险。显然害怕战争失败，人们谈论到如果我们被征服和击败，会发生什么事情。仅仅一件事无法塑造你，但那场战争确实在很大程度上塑造了我在军队中想成为的人，我想尽我所能去提供帮助。这是我决定提供额外服务的原因之一，我想发挥作用。"

大卫·库塔索夫九岁时从立陶宛移居以色列，他当时连一个希伯来语单词都不会讲。他回忆说："一个九岁的小孩子学习速度之快真是惊人。"

大卫记得曾在西岸的阿拉伯地区与伞兵开展训练和做演习，他和他们排的其他成员应该在夜间潜入该地区。"村民们早上醒来，从他们的房子里出来。他们立即发现了我们，并且开始嘲笑我们。你得明白我是在霍隆（特拉维夫以南）长大的，完全与该地区和阿拉伯人是分隔开的。我们得到指示要无视阿拉伯人；但不要歧视，只是假装他们不存在。我就这样来到西岸,突然发现不仅阿拉伯人存在,而且他们也不喜欢我们。
这对我是个大冲击。"

直到今天,改变以色列地面部队运作方式的功劳仍归功于
他。"我所从事的项目与采用各种先进技术提高坦克和步兵
作战能力有关。我已经有二十年没在部队了,但我当年致力解
决的问题今天在黎巴嫩和加沙地区又浮出水面。一个和我一
起参加这个项目并且留在部队的人最近告诉我,我做的一些事
情现在被看作是坦克军团工作者的圣经,但我想我不可以说出
更多内容了。"

大卫发现,对于塔皮奥特毕业生来说,没有演习机会,一切
都是真实的。你会接到技术挑战来编写程序或构建一些对国
家安全至关重要的东西。这增加了把工作做得快且做好的压
力和愿望。

莫尔·阿米塔伊是塔皮奥特里的传奇人物之一。他的许
多同事和塔皮奥特同志们说,他差不多能够弄明白任何事情。
在完成他的塔皮奥特课程学习后,设计通信系统成为他的专注
领域。

莫尔在一个军方通信项目上的团队成员讲述了一个例子,
来说明以色列国防军知道某个问题的答案是肯定还是否定的
重要性。视答案不同,军队将不得不以完全不同的方式来做事
情。他们需要知道某件具体的事情是否有可能做到。"如果
答案是肯定的,通常更容易证明,有东西存在。如果答案是否
定的,有时很难证明。在这种情况下,我们处于中间位置。我

们都为之付出了大量的工作和努力，以至于我们都认为这不可能。有时候，当你在很努力地尝试做某件事却失败时，就很接近证明这不可能了。"

这个项目仍然是机密，透露其具体细节可能会为战场上的人带来灭顶之灾。莫尔团队的那个人继续说道："这是个为能在不同条件下发挥作用的复杂系统编写的程序。在军队里，你控制不了环境。对于一个战场上的战士来说，任何事情都可能发生，哪怕他训练有素。他可能会绊倒、摔倒或掉落一件武器。这个问题从某些方面来说与之类似。这对军队来说是个大问题。在某些极端条件下，它会表现得足够好吗？你无法测试这些条件，除非你……"他笑了然后说："我真的不能告诉你更多了。"他仅仅能够补充说，"没有它，军队就不能很好地运转，这是军队一直需要的东西。军队相当广泛地使用该系统。"

在他五年的服役期间，莫尔负责通信系统的复杂组件。他有时从头开始做一个项目；有时他不得不去修改已经存在的东西；有时，他必须把不同类型的系统结合在一起。许多工作涉及分析哪些地方可能会出错，以及如何在将来更新，因为不同系统的规格需要更新，以便在实战中使用。

和以上的例子一样，莫尔在军队通信中的工作中从来都要考虑到意想不到的事情。一位熟悉他工作的同事解释说："这就像一辆汽车。汽车是你可以测试的东西。一切顺利，空调工作正常，所有部分都正常。但在你无法控制的情况下，汽车也应该运转得很好。因此制造商才会投资购置碰撞测试模拟器，观察当一个司机操作错误时,会发生什么情况。在军队里,你也不能够控制环境。敌人在那里明摆着,这比你开汽车的时候更糟。敌人不是犯错,而是故意设计让你失败,以杀死你和你的朋友。这好比是制造一辆汽车来抵御其他司机,试图让你从道路上跑偏。因此,当你在设计这样的汽车时,你并没有一个完整的概念:你必须考虑其他车手会做什么;天气会对你有什么影响。我们把大部分时间花在分析正在建造的东西上面,看看它是否能经受住糟糕环境的考验。"

生与死绝对是具有激励作用,并且可能会吓倒一些人。但莫尔和他的团队经常被告知:"你属于一小群非常有才华的问题解决者。军队在你身上投入了很多。塔皮奥特是你在军队里能够学习的最长期限的课程,比飞行员训练和服役时间都长。我们在你身上进行了投资。现在你要让我们脸上有光,不要失败。"

第11章
高科技工匠

　　情报是塔皮奥特影响最大的领域之一。在阿格哈纳特委员会对"赎罪日战争"中的情报失误进行严密审查之后,成立了以色列情报部队。该军团包括著名的8200部队(在第9章中讨论过),它创建软件程序、搜索系统和网络防御系统来击退网络入侵者。

　　情报部队还致力于跟踪基于信号的情报,包括监测无线电频率、追踪电话通信以及其他电子信号。该军团还监测和分析所谓的开源情报。这包括监测外国媒体,包括报纸、电视台和电台广播。在许多专制国家,政府利用国家控制的媒体来控制其公民,有时通过媒体向西方传递信息。

　　塔皮奥特毕业生被委派的第一个情报任务是在1982年。奥佛尔·肯若特(于1980年应征加入塔皮奥特第二期)设法加入了以色列迅速发展的新情报部队。"以色列当时正在撤出西奈半岛。在此之前,他们在西奈有基地和情报设备,可以监听和监视埃及军队。现在军队需要获得同样情报的能力,但是要从更远的距离去获得。我那时从事使之成为现实的工作。"

另一个改变游戏规则的塔皮奥特毕业生已经成为现代以色列复兴之人。出于安全原因,他的姓名不能公开。他是个天生的修补匠,从小就喜欢造东西。在希伯来大学完成塔皮奥特课程学习后,他宣布他渴望加入"真正的绿色军队"。配备小型武器,他将获得作为一个流动坦克杀手的机会。他成为塔皮奥特在装甲旅的第一个指挥官,为其他人树立了一个光辉榜样。

四年来,他的工作是带领小队士兵跟踪敌军坦克并消灭他们,没有装甲、没有多少后援。随着他的晋升,他获得了去参加营长进修课程的机会。1997 年,他向部队有关部门谢绝了这个机会。他愿意作为预备役中的坦克猎手,但他想回归帮助以色列胜过其敌人一筹的技术领域上来。

他的下一站是情报技术部门。这一切都始于与电光部队的主管之间的面谈。"我记得他问我:'你四年前完成了塔皮奥特学习;现在你想做什么?'我说我不知道。我知道我想重返技术研发领域。他拿出一个很小的相机然后说,'你发现这里有什么有趣的东西吗?''哦,我喜欢相机,'我回答道。'在反坦克部队时,我实际上是在使用照相机:信号处理、电光学和照相机。'"

这是个完美结合。他拥有正规教育背景和陆军实战经验来帮助他设计其他作战部队所需要的东西。这实际上正是塔皮奥特应该采用的工作方式。一个有前途、有上进心的士兵早期接受良好教育，然后到实战环境中去。之后，他把两者结合起来，使得以色列获得更高效和更致命的武器，使军队变得更好更强大。

他继续说道："我开始设计了一块带有摄像头、信号和视频处理单元的电路板，然后过渡到更大的组件和更大的相机和光学系统。""我当时研发的设备用于特殊任务和使命。它们是为情报界开发的，而不一定是军队。"他狡黠地说道。虽然他不愿意证实这一点，但他研发的设备很可能是帮助以色列的各种安全机构，监视居住在以色列主要人口中心以东的城市和城镇里敌对的阿拉伯人口及维持治安。

"我们那时在制造非常非常微小的设备。他们会把它们放在最需要微型设备的地方。这类设备帮助许多人完成他们的工作。有许多这样的任务永远是不会为人所知的。"

以色列最迫切和直接的问题之一来自加沙。虽然加沙人对国家的整体安全没有威胁，但哈马斯、伊斯兰圣战组织和其他恐怖团体已经将数千枚火箭弹从加沙地带发射到以色列平民社区。恐怖分子曾经数十次袭击并企图闯入以色列，有一次（在2006年）杀死了一支坦克部队的两名成员，并劫持了另一名叫吉拉德·沙利特的士兵作为人质。

为了阻止越界恐怖主义，以色列国防军建立了一环监视站，以保护加沙附近的社区，而不必与任何似乎在以威胁方式接近边界的人交战。战地情报团团长艾利·泊拉克准将对《航空周刊》记者说:"我们的任务是在以色列边境沿线进行监视。为了做到这一点,我们使用各种情报、监视和侦察系统帮助我们跟踪敌人,并协助地面部队快速定位企图渗透的敌人。"在这方面,塔皮奥特毕业生又在帮助开发和安装先进的监控机制方面发挥了巨大作用。

奥菲尔·祖哈尔(塔皮奥特第十四期)曾在以色列国防军的一个技术部门服役。他说:"我们圈子里最先进的东西被用于为以色列国防军的情报机关开发更好的技术。我们的工作是为军队认为不可能解决的问题找出解决方法。"

为坦克部队开发新部件的一支团队创造的称为"战利品"系统的突破性技术,就解决了一个这样"无法解决的"问题。"战利品"是为了保护坦克免受火箭推进手榴弹和其他致命且更准确的反坦克武器的攻击而设计的。以色列国防承包商拉斐尔(Rafael),与以色列航空航天工业集团的埃尔塔分公司合作,为以色列梅卡瓦坦克和一些装甲运兵车配备了这种系统。

"战利品"的根源与阿兹莉·洛伯尔教授有关,在他与该项目十九年的隶属关系期间,他教授过数以百计的塔皮奥特学生军事技术艺术。20 世纪 50 年代,阿兹莉教授在以色列国防军装甲部队服役,晋升至少校军衔。他获得了匹兹堡大学机械工程硕士学位,然后在弗吉尼亚理工学院取得了航空航天工程博士学位。阿兹莉学成之后返回了以色列,并最终为以色列的两个主要的国防承包商,以色列飞机工业公司(后来更名为以色列航天工业集团）和武器制造商以色列军事工业集团工作。

"战利品"系统的概念虽然最初被拒绝了，但是后来它被采纳，经修改，最后在拉斐尔公司修成正果。虽然以色列国防军起初因为成本问题而不愿意安装"战利品"系统，2006年的第二次黎巴嫩战争表明它必须向前迈进。五十二辆以色列梅卡瓦坦克被真主党发射的反坦克导弹击中。以色列军方领导人开始相信，下一场战争将是对抗一支更强硬、更强大、规模更大的军队，这将使其坦克面临更大危险。如果真主党能做到这一点，他们就不希望看到，如果以色列国防军突然不得不同时与真主党、黎巴嫩武装部队、叙利亚、哈马斯，甚至还有其他战线上的敌人交战时，将会发生什么情况。

正如阿兹莉在20世纪80年代初次计划的那样，坦克上有一个车载警告和雷达系统，会被飞来的弹头触发。这些弹头得到辨认后，然后一个像猎枪般的射击机制会发射大号铅弹式的防御弹头。目标是为了让防御弹头散开它的火力，与飞来的弹头相接触然后迫使它在击中坦克的外壳之前提前爆炸。

2012年6月，《耶路撒冷邮报》报道说，国家审计长米哈·林登施特劳斯曾严厉批评国防部长和以色列国防军没有更快速的扩大使用"战利品"系统，以保护更多的坦克、装甲车，尤其是纳美尔装甲运兵车。

在2014年7月和8月展开的"护刃行动"中，"战利品"系统获得到了首次实战检验。它成功地引爆并摧毁了一枚哈马斯反坦克火箭，既拯救了坦克，也救了坦克里面的乘员。军队一直对"战利品"在实战中首战告捷的细节讳莫如深，但一位以色列国防军发言人明白无误地说："它现在已经在实战中被证明是成功的。"

以色列军事工业公司，也被称为"IMI"，已经采用与"战利品"密切相关的技术开发了"铁拳"系统。它强于战利品系统，因为它能够偏转更强大的坦克炮弹，而不仅仅是战利品所能击败的手持反坦克武器。虽然以色列国防部在 2009 年批准了"铁拳"的使用，但后来推翻了这一决定；到目前为止，该技术及其背后的专有技术被冰冻了起来。

虽然"铁拳"和"战利品"系统旨在保护通常在离以色列的人口中心不远处进行地面作战的以色列战士，以色列的长臂则是以色列空军。它能够毫无预兆地在中东和非洲地区发动攻击。西方媒体近几年报道说，以色列飞行员被要求袭击携带伊朗武器在非洲、叙利亚和黎巴嫩全境移动的目标，以及在距离以色列南部空军基地 1 100 英里远的苏丹喀土穆等地的武器制造工厂。

在他成功结束在希伯来大学的塔皮奥特学术生涯后，马利斯·拿特接着到了航空航天领域工作。他帮助设计和制造了狮喷气式战斗机上的机载系统。

当时，以色列制造的狮式战斗机可以与 F16 和米格战机媲美。但当时存在问题。首先，它非常昂贵。一个只有 600 万人口的国家，是否应该花费数亿美元制造一架喷气式战斗机？还是说把以色列从美国得到的钱（与埃及和约旦签署和平协议之后，这两个国家也因为签署这些条约而从美国获得国防资金）用于购买经过无数次战争检验的美国战机是否更划算？

第二个大问题是来自美国政府对该项目的压力。如果有任何可能性的话，美国不想与狮式战机在利润丰厚的国际防务市场上竞争。

以色列一直对其对其他国家的防务依赖感到紧张。在"六日战争"后，法国——以色列的主要战斗机供应商，突然决定与阿拉伯人保持一致，这样胜于与以色列结盟。法国一直在向以色列提供由达索公司制造的幻影式战斗机。当查尔斯·戴高乐和法国背弃以色列的时候，以色列就被留下了真正的安全危机。它哪里能找到飞机？对以色列来说十分幸运的是，美国迅速介入并填补了这一空缺，因为林登·约翰逊总统把以色列看作是可能在中东牵制苏联的盟友。

部分由于法国人造成的创伤，以及以色列在航空航天方面的专长，它决定继续推进狮式战斗机项目。以色列航空工业公司生产了几架狮式战斗机。1986 年 12 月 31 日进行了处女试飞。报道称，这架飞机在空中反应灵敏，机动性强，速度快且流畅。但以色列政府最终认为，制造自己的战斗机既不经济也不符合政治利益，因此该项目虽然成功，却被叫停。

马利斯说："当狮式战机项目被取消的消息传来时，我很不高兴。这是一种了不起的战斗机，它对以色列来说可能是个改变游戏规则的因素。然而，至少现在正在使用的许多系统都是基于我们当时在狮式战机上开发的系统。在一架喷气式战机上面,一切都必须是相互连接的。关于接口有许多先进的概念。现在它们是标准配置,但在当时它们却是非常领先的。如果我们当时被迫要打仗话,它们将会发挥巨大优势。"

马利斯在狮项目上的工作中有很大一部分是机载导弹防御。"这是个保护飞机免受导弹袭击的非常有创新性和创造力的方式。据我所知,它仍然还没有被部署。美国国防部现在对此了如指掌,但我认为该系统仍领先于时代。它到现在还没有被部署可能有其原因;一定有一个很好的理由,但我不知道是什么理由。"

马利斯开发的许多技术,包括机载导弹防御系统,后来被改装并用于以色列的 F15 和 F16 机群上面。以色列与美国战斗机/轰炸机的制造商之间有一项特殊合同。实质上,他们允许以色列安装一些专门设计用于通信、导弹防御和雷达的以色列部件。据情报机关估计,以色列拥有大约七十五架波音公司制造的 F15 和大约 330 架通用动力公司制造的 F16 战机。所有这些战机都配备由以色列设计和以色列制造的电子战系统,这些系统是由像马利斯·拿特这样的工程师在狮式战机开发期间和后期迅速开发升级的。

以色列与美国和制造 F35 战机的洛克希德-马丁公司之间也达成了类似的协议。所有在 2015 年及以后抵达的新 F35 型喷气机都将配备先进的以色列电子战系统。此外,洛克希德-马丁还同意从以色列国防承包商那里购买价值大约 40 亿美元的设备,来安装在先进战斗机/轰炸机的机体上。

另一名塔皮奥特毕业生,阿米尔·皮莱格,曾经为以色列的 F15 和 F16 战机开发目标瞄准机制,但是他的主要工作涉及研究和开发高科技相机,可以用于无人机上帮助区分不同类型的目标。"更具体地说,"阿米尔说道,"我们制造出计算机驱动的视觉设备,实现自动目标识别。你想要让枪能够把坦克和汽车区分开来,我们开发的东西在这个领域仍然在使用。"

兹维卡·迪亚门特是塔皮奥特里的稀有人物。他头戴着奇帕帽,遵守犹太教规。他是少数几个从犹太学校而不是从世俗高中来到这个项目的学生之一。

兹维卡在 1984 年塔皮奥特第六期的选拔过程面试部分被问及"飞机是如何工作的?"他咧嘴一笑,说:"我知道那个。"这个问题有先见之明。在他完成相当于三个专业:物理、计算机科学和数学的塔皮奥特课程后,接着就去从事安装和集成以色列制造的电子战部件的工作,这些部件将被加装到以色列新购置且不断增长的 F15 和 F16 机群上去。

他曾是一家名叫埃利斯拉(现在是以色列国防合同商巨头埃尔比特公司的一个部门)的防卫公司里的以色列空军驻场代表。他在那里工作了五年,履行他对军队的承诺,兹维卡参与了新系统各方面的开发。他刚二十一岁就开始在那里工作,埃利斯拉到处是比他级别高的工程师,他们与兹维卡或空军想要的并不总是一致。他指出:"这种局面非常困难,有时甚至不愉快。他们来自前塔皮奥特时期,他们做事的方式不同。他们大概从新闻报道中了解到塔皮奥特,但在工作场所没有与塔皮奥特毕业生合作的实际经验。有些人很好。有些人很讨厌,想把我赶走。"

"我驻扎在承包商的办公室里。我必须为系统制定验收测试标准,并为每个阶段制订标准,以确保他们按计划进行。我参加了所有会议,当我们陷入分歧时,试图为他们提供解决方案。确实存在很多分歧:他们希望提供他们已经有的东西,这样他们就能从军队中得到钱,但有时他们想要交付的东西不是我们想要的。这些年来,他们知道我是空军派来的,他们别无选择,只能接受我。空军在任何时候,在每一个环节都支持我,所以他们学会了适应它。"

一旦电子战零件制造完毕并准备就绪,兹维卡将引领测试过程。他经常与参加过工程师专业学习的空军飞行员合作。这样,他们在试飞过程中既可以充当飞行员又能做工程师,确定什么起作用和什么不起作用,以及为什么。

有些以色列空军飞行员服役约五年,然后继续去干别的工作,但后来在预备队服役。兹维卡的测试人员是以色列最有经验的飞行员;他们当中许多人有十五年及以上的飞行经验。这些经验特别有用,因为当需要从宏观和微观的角度来看问题时,他们非常有帮助。兹维卡解释说,"我们假设有一个导弹从一侧飞来的试验,但我们想要看到全局画面。你把飞机旋转180°,然后翻转360°,这样你就可以从各个方向看到信号的电平值——哪些地方高,哪些地方低,哪里无法识别。飞行员必须有更深的知识,才能完美地进行测试。他需要超越他过去的做事方式，在战斗中摆脱敌人的飞机或袭来的地对空导弹。他需要对什么可行什么不可行有更深入的了解。这些知识在未来实战中将能够拯救生命。"

"我们当时所做的是研究信号处理。从接收机上获得雷达信号，然后对信号进行分析，来确定是什么样的导弹在威胁你，一枚根弗 SA－6，或一枚爱国者什么的。对于每种不同的导弹，做出的反应也不同。对于有些导弹来说，传送响亮的电子噪声，干扰导弹使之无法击中你。而对于另一些，可抛出一些信号弹，来欺骗热追踪导弹。你必须在几秒钟内确认导弹威胁，让自己有时间对威胁做出反应。如果它是从另一架飞机上发射的，驾驶员必须在几秒钟内做出反应；有时候，在二十秒后战斗就结束了。在测试过程中，我们模拟信号；我们不是真的发射导弹。有时可以采用另一架飞机来模拟战斗情景。"

20 世纪 80 年代末和 90 年代初，随着订单大量涌入，以及以色列购进越来越多美国制造的 F15 和 F16 战机，兹维卡在埃利斯拉内部工作。兹维卡还肩负着前往美国出差的任务，以确保埃利斯拉制造的那些特殊设计的电子战系统零件与 F15 和 F16 兼容。

这绝非易事。"除非我们测试过我们的埃利斯拉系统，以确保它们是相容的，否则通用动力公司（F16 战机制造商）不会给我们保证，"兹维卡回忆说。"该系统尺寸是两英尺乘以两英尺，每架飞机需要好几个，它们被安放在飞机上不同的地方。他们把它当作黑匣子进行测试，以确保有没有额外的电子电流会扰乱整体系统,或者确保没有发送有害的电磁到其他系统,又或者没有提供任何可能导致电击的东西。他们不在乎我们的系统有没有对飞来的导弹发出警报。他们只关心我们的系统没有以可能会影响保修的方式扰乱飞机。"

情报和航空航天是以色列防卫原则的两个核心组成部分。如果其中一个跟不上,将会有人丧命,因为总会有敌人在等待着突袭。塔皮奥特毕业生在这两条战线上继续发挥着重要作用,这在很大程度上归功于他们所受的训练。他们对复杂问题的多学科处理方法,和掌握项目需要团队协作和协调的能力,这是设计战斗机和发展情报系统需要的关键技能。

第12章
空间技术领域里的塔皮奥特人

　　玛丽娜·甘德琳从塔皮奥特学术课程学习部分毕业后,她被吸收到以色列航空和航天工业的研究和发展部门。2008 年 12 月,当来自加沙的导弹袭击再次开始升级时,她的任务是改善以色列的预警警报系统,以便在靠近加沙边界的以色列社区中的人们能够有适当的机会在炮弹击中前找到掩护。设计出使警报系统更快速工作的方法是至关重要的:如果警告时间只有三十秒,并且需要整整四秒到五秒的时间来侦测发射动作并确定导弹方向,那么节省两秒到三秒时间就可以挽救某人的生命。

　　玛丽娜解释道:"我们支队负责监视以色列的领空中飞机、空中交通管制以及任何其他侵入领空的东西。我们不仅有飞机用的雷达,也有导弹用的雷达。我处理了很多发射和命中点,这非常重要,因为它让你知道火箭命中前,要向哪些人群发出警报。我们试图帮助军队确定弹头攻击的目标在哪里。我需要确定导弹要击中的位置,然后快速地传递坐标。我的责任是在导弹发射后,决定要向多少个地域和多少个领域发出警报。"

在一系列的发射之后,玛丽娜将从导弹发射和着陆的地方获取数据,然后输入一个为帮助军队从过去的攻击中学习而专门设计的计算机程序。这将有助于确定未来可能受攻击的区域。

2009 年 1 月 18 日在新的停火协议生效时,玛丽娜开始计划她的下一步,在以色列的卫星产业工作。1988 年,以色列发射了它的第一颗卫星,奥菲克(Ofek)(希伯来语是"地平线"的意思)。这次成功发射使以色列成为世界上第八个拥有本土卫星发射能力的国家。从那时起,有九颗奥菲克卫星从以色列发射至太空。据说奥菲克卫星每天飞越地球约六次。以色列还使用阿莫斯系列的卫星,从其他国家的领土上发射,通常是苏联。阿莫斯卫星通常用于通信目的。奥菲克卫星则不是。

它的目的是拍摄地球上任何地点的高分辨率图像。以色列军队和其他情报机构通常是奥菲克卫星从外层空间发送回来的图像的受益者。

玛丽娜在奥菲克计划中的工作是获取卫星接收到的每一个数据。她开发算法来利用传回家的数据和图像宝库。玛丽娜笑道:"别以为我是在看车牌或人脸。在卫星产业中,人们都在嘲笑这种能够看到人脸和车牌的概念。有部由威尔·史密斯主演的电影，名为《全民公敌》。里面说你可以有实时图像；他们用卫星来跟踪他，你可以看到他是坐着、站着，还是在微笑。你从卫星上还真的不能够得到那些信息。"

虽然以色列的卫星计划不符合好莱坞的幻想，但玛丽娜说，她正在帮助军队和情报机构开发系统，让他们能够做到，无论何时何地，想要找什么就能够找到什么。

虽然玛丽娜的抱负是作为航空航天工业的一分子，科比·卡敏尼兹原来则不知道他的真正兴趣在哪里，直到一次例行班级旅行扭转了他的生活。科比的塔皮奥特指挥官们在他被招募进塔皮奥特第十六期的那一刻起，即对他寄予厚望。他们相信他能大规模改变以色列的未来。

科比另有打算，他想加入军队成为一名战士，成为在战场上的部队指挥官。他已经准备好去告诉他的塔皮奥特上级领导，那些已经在他的教育方面投入了很多的人：他想报名参加战地指挥官课程学习。我们现在不清楚他们那时该会有什么反应，但这已经不重要了。因为他从来没有去和上级谈起这个话题。

一天，他所在的塔皮奥特班级学员去实地考察以色列太空计划的部分工程。当他们进入机库时，他看到了奥菲克-4号卫星（Ofek-4），"这对我来说真的很神奇，"他回忆说。"我清楚地记得在电视上观看过奥菲克-3号（Ofek-3）的发射过程。然后我又目睹了另一枚以色列火箭的发射。我知道这就是我想做的事情，它非常迷人。你这一分钟还看到它在地面上，几分钟后,它已经在 400 公里之遥的太空里了。我知道我想成为其中的一分子。"

　　在他完成塔皮奥特第三年的课程学习后,他花了六年时间在奥菲克- 5 号(Ofek - 5) 用的相机的研发上。在年仅二十一岁的时候,他已经在做一个价值上亿美元,对他的国家的防卫来说至关重要的项目。当被问及他如何能够获得这一最高优先职位时,科比非常谦虚地答道:"某个地方有某个人认为我擅长多任务工作,很容易合作。"当然,这两种品质都非常宝贵,但科比有的不止这些:他还有为他的国家效力的极端强烈的动机、努力工作的愿望和世界领先水平的军事技术教育。

　　2002 年 5 月 28 日,美联社驻耶路撒冷分社报道说:"奥菲克- 5 号(Ofek - 5) 侦察卫星发射成功,不久将开始向以色列提供中东地区的高分辨率图像。国防部长本亚明·本-埃利埃泽尔说,该卫星及其发射火箭是完全在以色列开发的,它们是'以色列国防机构的一个巨大成就。'由以色列航空工业公司(IAI)研制的奥菲克- 5 号卫星,在下午 6 点 25 分从帕勒马希姆空军试验基地由一枚沙维特(Shavit) 运载火箭搭载升入太空。当火箭在地中海上空向西飞驰时,沙维特的引擎射出了一条巨大的白色蒸汽尾带。几分钟后,火箭和卫星消失在地平线上。"

　　回首过去,科比说:"我记得时钟滴答作响,从九小时到数分钟,再到数秒。我当时在测试相机,以确保我看的监视器上一切都正常。你可以运用很多不同的配置。曝光时间、快门,它就像你的照相机一样。奥菲克上的照相机是相当复杂的。

我可以告诉它在地球上的这个点上拍照，或在地球上那个点拍照。你通过切换并测试以确保你可以看到输入——会给你不同角度的画面，其中有几十个之多。在这方面扮演一个角色真的是一次了不起的经历。当卫星的第一个图像传进来的时候，那简直是无与伦比。"

他在发射后与要求苛刻的以色列情报机构合作，为他们提供任何他们想要的东西。不久后，科比就能够在不用问的情况下主动向他们提供图像，因为他能够弄清楚他们需要什么。情报官员经常拿来其他目标的照片，要求他核查在整个中东地区从武器装备到部队调动，以及坦克和导弹发射器部署的一切最新情况。情报小组对优化他们想看到的目标的图片也有指示，他们对图像大小和遮光要求非常具体，以便他们可以百分之百能够确定地面上在发生什么事。

在从事奥菲克－5号上的相机开发工作后，科比最终离开了军队，他说他很难找到同样鼓舞人心的工作。（不久之后，他就利用他所掌握的技能，在私有领域从事非常类似的技术工作，来帮助有失明危险的患者）

以色列的太空计划和电子光学是塔皮奥特第十七期（1995）学员塔尔·德科尔的专长。塔尔目前是特拉维夫大学尤瓦尔耐曼科学、技术与安全工作室的研究员，这是由伊扎克·本-以色列将军（我们在第7章中遇到的杰出人士）创办的。该部门通过科学的棱镜，关注广泛的安全问题。举几个例子来说，其关注问题清单上有网络安全、以色列空间政策、制导武器、弹道导弹技术、核能和机器人等。在太空方面,该项目的重点是利用卫星来改进情报收集。虽然人们在对外国领导人的动机和意图的理解上见仁见智,但卫星图像清楚地说明了在地面上发生的情况。

通过他在耐曼的工作,塔尔被召去分析以色列附近的国家在太空中所取得的进展,包括埃及,一个许多人甚至在安全圈的人,都不知道拥有太空计划的国家。

塔尔不以为然。

埃及说,它的卫星计划是用于科学的,但许多专家认为像埃及这样的国家,一个经济上有问题和拥有强大的军队的国家,不会纯粹为了民用目的花这么多钱。塔尔认为,与大多数国家一样,他们的计划是军民两用的。

2007 年,塔尔帮助监视了埃及-1 号卫星(EgyptSat－1)的发射。在乌克兰科学家和空间专家的慷慨支持下,埃及得以进入太空。但到了 2010 年,该国与埃及-1 号卫星失去了通信联系,并且许多在项目上工作的埃及人都被解雇了。塔尔说,埃及政府把这个坏消息隐瞒了好几个月。塔尔的其他职责之一,是经常代表以色列参加国际和联合国主办的空间会议。2011 年春天,他在日内瓦会议上做报告,提出了关于空间管理和治理的国际规则,每个国家都需要遵守的规则,以防止一个国家在地球大气层之外干涉其他国家。

需要空间规则的例子之一是干扰信号。许多国家有能力阻止信号进入他们的国家。(塔尔指出,伊朗实际上是干扰技术的世界领先者，并且没有办法阻止它。塔尔说，你可以通过干扰他们的信号来进行报复，但最终在这种情况下没有真正的赢家：所有投入卫星发射和发送回信号的钱都损失了。）除了干扰之外，还有可能用某些种类的激光器来蒙蔽卫星，这是另一个急需国际规则的领域。

塔尔在日内瓦提出他的建议时发生了一件引人注目的事情。伊朗的代表和许多阿拉伯国家的代表，几乎总是抵制以色列专家在国际会议上的讲话，包括联合国举办的会议。但据塔尔回忆，当他发言时，伊朗的代表第一次没有离开会议室。

第13章
导弹司令部

我们第一次提到奥菲尔·肖汉姆是在第8章里,当时他因为一名六英尺高、200磅重的伞兵欺负一名塔皮奥特军校学员,而把他抛在离开地面十英尺高的空中。从那以后,肖汉姆成了军队中级别最高和最多产的塔皮奥特毕业生。

他在以色列国防军、海军(他在那里指挥一艘导弹舰)和国防部的军阶里一路晋升,最终成为一位预备役准将和MAFAT,以色列武器发展和技术基础设施局局长,奥菲尔将军还在无所不能的总参谋部中占有一席之地。

在这个位置上,他开始负责推进导弹防御。以色列现在具备击落三种导弹的防御系统能力:

(1)铁穹(The Iron Dome)打击短程火箭。2011年第一次开始部署,但直到2012年防卫支柱行动才开始名声大噪。

(2)大卫投石器(David's Sling),它尚未完全投入使用,但已就绪。它是为击落 18~180 英里以外发射的导弹而设计的。大卫投石器在以色列有时也被称为"魔术棒"。

（3）利箭系统（The Arrow System），是最先进也许是最重要的反导系统，它是为了击败可能从伊朗发射基地发射的远程弹道导弹而设计的。

奥菲尔和塔皮奥特毕业生是支持每个系统的后台技术中不可或缺的力量。对塔皮奥特毕业生来说它是个完美适合的项目，许多塔皮奥特人都倾向于在色列国防的这个领域里工作。

导弹防御是个需要采用大规模多学科的方法来开发的复杂项目。举几个例子来说，要开发成功的导弹防御系统，设计者需要考虑最高水平的数学、物理、雷达探测、推进、爆炸物装载、载体本身，以及通信等几门学科。然后，必须确定适当的部署区域，让反导弹装置产生最大影响。所有在这些不同领域工作的人们必须相处得很好，才能迅速地共同将项目向前推进。据一位参与塔皮奥特学员项目的教授说，在 20 世纪 90 年代，当哈马斯开始向加沙地带的以色列社区发射自制短程火箭弹和迫击炮的时候，一群塔皮奥特学员第一次产生了铁穹概念的梦想。古什卡蒂夫和杜吉特（Dugit）等社区遭受的导弹攻击变得越来越频繁。

那些火箭非常原始，更像迫击炮，虽然他们没有造成大量的物理破坏，对受攻击的人们的心理影响却越来越显著。前以色列国家安全委员会副主任，退役上校绍尔·沙伊说："政府并不认为这些袭击是个严重威胁,但如果你住在加沙,你的家正受到攻击,你就会希望它得到阻止。"问题是如何去做到这一点。

被称为"卡桑"的火箭(根据在 20 世纪 30 年代因攻击居住在海法的犹太人而出名的伊茨阿德-丁·阿尔-卡萨姆命名),随着时间推移变得更先进、更危险。它们从 20 世纪 90 年代的类似迫击炮的袭击套路,演变成更大和更多的空气动力导弹,有时是用在交通灯内发现的那种长金属罐制作的,里面塞满炸药、钉子和滚珠轴承。火箭发射后,发射器可以轻易且迅速地被隐藏起来。

以色列国防军不知道如何能制止袭击。他们无法从空中或陆路覆盖加沙地带,对发射火箭的人抓现行。在导弹发射后,恐怖分子经常混入平民百姓中,把他们的发射器藏起来,有时藏在家里、学校或清真寺里,最近是藏在复杂的地下掩体中。

在观察了几个月来不断升级的火箭弹袭击后,一群塔皮奥特学员决定将他们第二学年班级项目的重点,集中在制订一个相当低成本的解决方案上,以阻止哈马斯的火箭。经过巧妙演讲,引起了以色列一些高级军事研究和发展官员的注意。但是这个想法在第一次提出后并没有多大进展。军方还没有准备好实施这样的系统。但是塔皮奥特学员的想法以及他们开发的原型成为该系统的起源。

2002 年,奥菲尔·肖汉姆被任命为以色列国防军的规划负责人。奥菲尔与 MAFAT 研究开发主管丹尼尔·戈德将军

（被认为是开发现代版铁穹系统的主要负责人）一道，推进了铁穹系统的发展，把该导弹防御系统作为解决短程导弹威胁的方案的工作。国防部的工程师们开始更认真地看待有关铁穹的设想，认为这可能是解除当前威胁的现实解决方案，他们准确无误地料想到，在未来的岁月里，这种威胁只会变本加厉。

他们的计划，遇到了来自军队的重大阻碍。许多将军们大声反对，认为军队的职责是把战争引向敌人，是主动出击，而非在未经验证的防御措施上花钱。他们坚持认为，战斗应当在敌人的领地上进行，而不是在以色列。

尽管许多军队将领反对，国防部长阿米尔·佩雷兹（以色列历史上最不受欢迎的国防部长之一）在 2006 年上任后成为资助铁穹的早期支持者，对于阿米尔来说，这是一个简单决定。他在斯德罗特长大，该地一直是火箭的袭击目标，并且非常同情那些被迫忍受来自加沙的导弹炮火对其日常生活造成危险和干扰的人们。正是他的最终决定，准许更多的资金开始流入该项目。

米奇金斯伯格在《以色列时报》一篇深度报道文章中报道说，"2007 年 2 月，在只有一年的资金支持并且无须像多年期项目那样要求必须有财政部部长签字的条件下，阿米尔批准了铁穹项目开发。在他办公室的午夜会议上，他与拉斐尔防御系统的官员达成了一项协议：他们将'凑齐'5 000 万美元，国防部将从每年约 150 亿美元的预算中'凑齐'5 000 万美元，立即开始生产。"三年后，在这个项目上工作的工程师们，最终能够向国防部展示一个可使用的模型。

2011 年 3 月,铁穹系统首次部署在内盖夫沙漠,以保护最靠近加沙的城镇。国防部采取该行动时没有进行大张旗鼓地对外宣传,但是内部进行了大量辩论。该系统尚未得到充分测试:它被称为"热推出"以进一步淡化人们的预期。

在早期推出时,以色列《国土日报》引述奥菲尔准将的话说:"高级国防官员做的这个决定是正确的;从武器发展和技术基础设施局的角度来看,我们认为,即使空军有所保留,继续前进也是适当的。他们不是反对,而是在商议。我们如果没有部署该系统,承受人员的伤亡,那么,政客们的回旋余地也就更小了。在这种情况下,我们可以通过声明,称该系统根本没有准备好,来开脱自己。但方向是明确的,并且运作规划以及技术和后勤支援结合得非常好。从我的理解来看,我们已做了充分准备,估算有风险,但这个风险也不是那么大,因为试验是百分之百成功的。"

铁穹系统由三个主要部分组成:一个雷达站、一个控制中心和一个发射反导弹拦截器的炮组。有几家以色列国防承包商为该系统的制造出了力,其中包括以色列国防工业大名鼎鼎的企业——以色列航空工业公司,埃尔塔和拉斐尔,以及他们的许多子公司。

奥菲尔还告诉《国土日报》说:"我们并不主张拦截数以千计的导弹,而只是要同时争取时间和限制威胁,军队也在做其他事情。我们不能忘记,该系统对增强以色列的威慑能力也颇为有益。"

第一次真正的测试是在 2011 年 4 月 7 日，当时一枚射程达二十五英里的俄制格拉德火箭从加沙向位于以色列南部最大的城市——贝尔谢巴（Beer Sheva）的方向发射，这里居住着 20 万人。

目睹了历史演绎的人说，铁穹的雷达发现飞来的导弹。该系统跟踪它，并在数毫秒内确定它可能会击中一个人口密集区域。顿时警笛长鸣，灯光闪烁，指挥中心的青年男女们开始高声命令及听从命令。反导弹炮弹发射了。随着一阵短促而又响亮的爆炸声，它射向空中。三秒、四秒、五秒……十秒钟后，在天空中可见到爆炸，紧接着是一阵响亮的轰隆声。拦截成功。在几天后的内阁会议上，内塔尼亚胡总理说："以色列用铁穹系统拦截导弹，标志着一个重大而令人瞩目的成就。这在全世界引起了反响。"在其后数周及数个月内，拦截更成功。

军方报告说，在 2011 年 4 月与加沙冲突的升级过程中，铁穹的成功率为 65%。这是来自该系统刚开始运行的月份的数据。2011 年 8 月，在另一轮导弹袭击中，铁穹的成功率达到 70%。2012 年 3 月，铁穹的成功率达 80%。2012 年 6 月，铁穹的命中率达到了 85%。同年 10 月，成功率达到了 95%。

虽然该系统最初源自塔皮奥特的梦想，并且是军阶最高的塔皮奥特毕业生奥菲尔·肖汉姆为该项目成功做出了部分贡献（在以色列军事工业界的帮助下），但美国是支付铁穹项目经费的一个重大因素。国会批准了约 5 亿美元的项目资金；

2013 年 6 月，立法委员会又增加了 1 500 万美元的资金，希望美国能够在未来的发展中直接合作。同月，众议院军事委员会批准了 2.84 亿美元，以帮助支付为与以色列在导弹防御领域合作而设计的项目。

几十年来，以色列和美国一直在较长射程的导弹防御系统上进行合作。两国共同开发了利箭反导系统。

利箭系统现在发展到第三代，其设计初衷主要是为了应对伊朗的弹道导弹计划。它被认为是世界上最好的远程导弹拦截器。

利箭的生产始于 1986 年，同年塔皮奥特的学生开始在以色列的太空计划中崭露头角。以色列的太空科学家们为利箭做出了巨大贡献，因为它实际上是一枚火箭。利箭的任务是在地球表面上方大约三十英里处疾飞，寻找飞来的导弹，然后爆炸，打掉敌方的弹头。它的许多目标之一是将携带有核、生物或化学弹头的导弹，在足够远的距离以外摧毁掉，以使其负载的致命物不会击中以色列。

利箭是由波音公司和以色列航空工业公司共同开发的，每枚导弹的成本约为 300 万美元。该火箭靠固体燃料运行，而不是更具挥发性的液体燃料。固体燃料还让导弹指挥官们能够享受在使用前不久才开始部署火箭的奢侈；换句话说，它们随时都可上发射台。这很关键，因为导弹防御往往不能提前计划。像利箭一样的拦截器只有在敌人发射导弹时才使用，因此委婉地说就是时机是不可预知的。

像铁穹系统一样，其火箭发射器不可独立运作，而是由一个指挥中心，一个独立的雷达站和一个实际发射导弹的发射器组成。

利箭 1、2 和 3 号都在实际模拟中成功地进行了试射，并且该系统已证明它可以击败敌方导弹。在测试阶段，负责利箭发射的物理学家、工程师和以色列士兵们声称利箭的成功率达 90%。

包括一些以色列专家在内的许多航空航天界人士长期以来一直怀疑利箭的有效性。以色列国防机构中的一些人甚至说，在利箭系统上花费的数十亿美元在别处能更好地发挥作用。还有人说，利箭或许有用，但它可能被诱饵击败。这就是说，如果一个敌国向以色列发射了五十枚导弹，其中只有一枚装了核弹头，另外四十九枚是诱饵，在这种情况下利箭就无法化险为夷了。

一名对利箭能力有深刻了解同时也在塔皮奥特项目任教的以色列物理学家，对那些疑虑一笑置之。他承认导弹防御将永远不会 100% 有效，但诱饵肯定是可以挫败的。

担任塔皮奥特教师近二十年的阿兹莉·洛伯尔教授证实，"我以前的塔皮奥特学生在利箭项目早年就解决了诱饵难题。诱饵会显示不同的飞行特征而出卖它们。对敌人来说，制造一枚真正的导弹比制造一个好的诱饵更便宜，这也是事实。所有这些因素都有助于确定哪些是真材实料，哪些不是。"

第一套利箭组合安装在特拉维夫以南的帕勒马希姆空军

基地。在这个基地已经进行了几次成功发射和拦截测试。虽然利箭尚未在实战中使用,但是那些将会向敌方导弹开火的军官们,在叙利亚内战期间已经测试过他们的许多技能。

叙利亚军队发射了几枚飞毛腿导弹,企图镇压 2011 年开始的叛乱起义。以色列在第一次海湾战争期间开始非常熟悉飞毛腿,当时萨达姆·侯赛因在 1991 年向以色列发射了三打这种导弹。

2011 年、2012 年和 2013 年,叙利亚的飞毛腿导弹发射行动在帕勒马希姆空军基地敲响了警钟,迫使反导弹部队把他们的手指按在触发器上,同时用雷达跟踪那些在叙利亚境内的导弹发射活动。

当叙利亚发射飞毛腿时,以色列追踪这些导弹。他们这样做,部分是为了测试他们的追踪能力和研究叙利亚发射飞毛腿的方式,但最重要的是,以色列跟踪它们的目的,是为了确保导弹不是朝着以色列发射的。国防部说,在最初关键的几秒钟里,很难判断从北到南的袭击,目标是针对叙利亚叛军的占领地区,还是针对以色列的。

2013 年,兹维卡·海莫维奇(Zvika Haimovich)上校告诉路透社新闻社,在巴沙尔·阿尔-阿萨德(Bashar al-Assad)的军队发射导弹之后,以色列只有几秒钟的时间来确定它是否是被攻击的目标。"叙利亚的发射器处于高度可操作状态,接到通知后短时间内随时可以开火。只需要在飞行路径上做几度角的变化就可以危及我们。"在同一篇文章中,兹维卡上校还告诉路透社，"我们从各个方面来研究，从武器性能到叙利亚人使用的方式。据我所知，他们使用了他们的导弹和火箭储备中存在的一切。他们一直在进步，我们也是，但我们需要研究这一点，并做好准备。"

路透社的报告继续说："远程雷达向兹维卡的指挥掩体传送关于火力网的实时数据，在那里，军官们准备激活利箭Ⅱ号，这是美国支持的以色列导弹防御体系，尚有待在战斗中进行试验。威胁性更高的导弹发射会触发在帕勒马希姆上空的警报，其战机也在待命起飞。兹维卡不肯详细说明以色列如何决定朝其方向发射过来的导弹不会越过边界，只是说这一过程'只比几秒钟多一些，但不会多出多少。'另一位以匿名身份发言的以色列专家说，它把对导弹发射威力的瞬间分析，与关于阿萨德的意图的最新情报结合在一起。"

以色列还开发了一种导弹拦截器，它能够探测、追踪和摧毁飞向以色列的中程火箭。大卫投石器于 2012 年 11 月 25 日首次测试成功。它现在处于最后的测试阶段，有望将在以色列下一场不可避免的战争前及时部署。

预计它将能够摧毁射程达 150 英里的火箭。这将会把由恐怖分子或任何其他从埃及的西奈沙漠发射的导弹纳入反导射程之内。在过去的几年中，有几十枚导弹曾把以色列港口城市埃拉特作为攻击目标。

然而，这一系统是在考虑叙利亚和黎巴嫩的情况下设计的。叙利亚拥有能够攻击以色列任何地方的导弹。黎巴嫩是真主党的东道主,夸口说以其引人注目的导弹库,可以袭击以色列的任何地方。为了在 2006 年夏季第二次黎巴嫩战争后达成停火协议,国际社会承诺阻止真主党重新武装。尽管如此,人们相信真主党有超过 4 万枚导弹瞄准着以色列,随时可以发射。

真主党拥有三种主要导弹:地震(Zelzal)和征服者 110(Fatteh 110)。这两种都是伊朗制造和供应的。扎尔扎尔(Zelzal)是波斯语地震的意思,法特(Fatteh)意思是征服者。第三种导弹是俄罗斯制造的喀秋莎。

地震和征服者-100 都能够携带 1 500 磅重的弹头,射程大约为 150 英里。这就使这两类导弹处在大卫投石器的"可杀"类别之列。叙利亚还拥有征服者-110,报告说,阿萨德控制的叙利亚军队在叙利亚内战期间,已经使用过它们来对付叛军。

喀秋莎不如征服者-110 或地震那样先进,但它的威力也很大。它在第二次黎巴嫩战争期间被真主党大量使用。它对以色列构成了威胁,因为该导弹经常采用移动发射器发射。他们可以迅速和大量地发射,然后隐藏起来不让以色列战机发现。

大卫投石器有能力对付以上述所三类导弹,其主要责任将是防止真主党的导弹破坏以色列社区。大卫投石器拦截器的瞄准和制导装置植入在其鼻子里,有时被称为"绝色佳人"(The Stunner)。与利箭导弹相比,大卫投石器发射的拦截器更便宜。

　　毫无疑问，以色列的尖端导弹防御系统在未来岁月中将是至关重要的，因为这一领域不断进行的研究和升级将为其所有公民提供迫切需要的安全感。其尖端开发和深远影响，在很大程度上反映了塔皮奥特学员和毕业生的工作，其中至少包括具有远见卓识的奥菲尔·肖汉姆准将。

第14章
执行任务

　　乔拉·科恩布劳一直想飞。当到了在以色列国防军服役的时候,他确定自己的目标是上飞行学校。乔拉想要加入空军。但塔皮奥特想要乔拉。

　　在他三年的学习开始接近尾声时,他选择推迟研究和开发工作,即大多数塔皮奥特毕业生的目标去处,并加入空军。他想当一名战斗机飞行员。阿维·泊莱格上校当时领导着塔皮奥特,他通常鼓励毕业生在毕业后考虑在作战部队服役。当他和他的工作人员发现走这样路线的候选人时,他就会帮助塔皮奥特毕业生做官僚迷宫的导航,引领他们到战斗岗位。"我发现塔皮奥特和战斗服役结合是参与国防重要领域工作的极好方式,"阿维说。"在战场上服役一段时间后,有可能建立一个长期稳定的军队职业生涯,这也许会导致向高层发展。"

　　乔拉当然就属于这种情况,他是首批上飞行学校的塔皮奥特的毕业生之一。他 1972 年出生于阿根廷，一年后他被他的家人带到了以色列。当塔皮奥特招募他时，他没有听说过这个项目，但是他很快就被招募进 1990 年的第十二期。

当乔拉宣布他打算上飞行学校的时候，尚没有这种举动的先例。一切规则都是随着乔拉向前迈进的时候写下的。他的论点一部分是：三年来，塔皮奥特向他的班级强调了战斗训练的重要性，以及"在实战中亲自动手的重要性。他们想要教育和实战经验相结合的人。我同意他们的意见。"

他回忆道："是存在一些官僚主义障碍。道路上总会有障碍，但在最后一分钟大家总是会统一在一起。我确实需要在国防部做一些说服工作，它对我的教育进行了投资。在塔皮奥特末期，会有一个为期三个月的毕业项目。为了在毕业后开始上飞行学校，我只得错过这个项目。我们进行了很多讨论，但最后国防部和塔皮奥特的领导人说：'如果你通过飞行学校考试，就去加入空军吧。'然而，空军对整个问题的态度都是非常黑白分明的。他们说：'我们不需要你来说服我们，我们只需要你通过测试就行了。'"

就像乔拉在他生活的那个节点为止所做的一切一样，他成功了。他通过初步测试后，学习曲线陡增。他开始在 A4 天鹰（A4 Skyhawks）上学习作战飞行任务，以色列空军现在用这种攻击机做教练机。以色列在 20 世纪 60 年代末和 70 年代初的战斗任务中，以及在 20 世纪 80 年代初的加利利和平行动中使用过这些飞机。作为"飞行炮兵"，他们的主要任务是打击地面目标和为以色列地面部队提供掩护。

在掌握了 A4 飞行技巧后，空军教他飞行 F16 战机。F16 被称为以色列的长臂。以色列的机群里有 225 架 F16，可在空中加油，据称能够打击从中东到非洲北部的任何地方，这些地方已成为出售武器给在加沙和西奈半岛的恐怖分子网络的运输线路。

2008 年 6 月，100 架以色列 F16 和 F15 战机编队飞向希腊。飞行距离大约 900 英里，与从以色列到伊朗的距离相同。希腊装备有俄罗斯制造的 SA － 300 防空系统，据报道，俄罗斯正考虑向伊朗出售同样的系统。以色列空军要传递的信息相当直截了当：它准备好了随时随地执行任何任务。

从早年开始，这位战斗机飞行员就被称为"思想者的勇士"。你需要知道如何操作复杂的控制器，如何不在半空中失速；你需要懂得物理和空气动力学。你需要推测你的对手能够做什么，他什么时候会做。一旦在空中，以色列空军飞行员有很大的自由发挥空间来完成他们的任务。尽管他有实战经验，乔拉承认当被问及他对飞行任务时的想法时感到尴尬。"我不认为自己是勇敢的飞行员，有很多勇敢的故事可告诉别人。我通常在想很多事情。有些是与执行的任务以及如何尽我所能做到最好有关，在脑海中模拟任务的关键部分以及需要做些什么。有时我会想起午饭，或者其他任何脑子里跳出来的东西。我认为这对于其他将要做一些重要事情的人来说，也是一样的。"

在担任过以色列空军的军备库中最先进的战机飞行员后，乔拉将他所获得的知识带回研究和发展领域。他说："这种经历给了我技术、知识，让我能够为空军的未来工作，并帮助其发展未来的技术。"

埃里克·泽尼亚克是塔皮奥特最受欢迎的毕业生之一。作为一个有竞争精神的青少年，他和他的朋友们不断处于胜人一筹的状态，看谁可以进入最好的军队单位。埃里克想赢，但他没考虑塔皮奥特，以为自己永远进不去。所以他把目光投向成为战斗机飞行员。

临近征兵日，他应邀来参加塔皮奥特的早期测试。当他到达那里时，考官们问他想做什么。埃里克直率地说："我想成为一名战斗机飞行员。"

"没问题，"他们笑着说，"你两样都可以做。"

"他们把我送到委员会，一个测试小组，"埃里克回忆道，"一周前，我曾读过一本关于爱因斯坦相对论的书，试图让自己看起来有准备且聪明。每个人都需要准备一些有关科学知识来作为谈论话题。然后我们谈论了物理。他们问我太阳能锅炉是如何工作的，即屋顶上的那种。他们问我如果我不参军，我会想学什么，我说是建筑学。然后，他们问我一个关于建筑的问题，要我告诉他们我会如何规划一个客厅。然后他们问我一个级数问题。我甚至记得它是：61 55 52 63 94……下一个数字是什么？"

"我站起来到白板前面，并尝试了用所有我知道的数学方法来解级数问题,他们说,'只要把数位顺序调转过来就行了,'我说,'……哦,对呀。'我看起来像个白痴,但很好笑。那只是个小把戏。现在回想起来,他们只是想看看我的抗压能力如何。"

"在测试结束时,我又问,'我还能当飞行员吗?'我想问尽可能多的人,以确保答案永远是肯定的,结果是肯定的。他们说话算话。"

当他在等待塔皮奥特的消息时,他接受了一项邀请,去参加空军学校淘汰测试。"在空军,训练是七天,与 600 人一起做。他们让你穿上制服,你整天都在跑来跑去,去完成指令。我们所做的事情是找不到英语单词来描述的,但它可翻译为'用腿前进'。看见那棵树了吗? 你用二十秒时间跑过去再跑回来。开始! 你没能做到,再来一次! 有许多团体活动和测试,如挖洞、解谜题、悬挂攀架。每个人都悬挂在那里,你能看到谁第一个和最后一个掉下去。确实没怎么睡觉,休息两个小时后他们就把我们叫醒了。"

埃里克越过了所有的障碍并取得成功。但最后他心想,"谢谢啦,伙计们,这是万无一失的好机会,但我现在真的希望能加入塔皮奥特。"他高中毕业时,仍没有得到塔皮奥特的答复。在初夏的一天,他正在玩电脑时电话打进来了。恭喜你,你已经被塔皮奥特第十五期录取了。他的第一个问题是:"我还能当飞行员吗?"

他到塔皮奥特的第一天,指挥官们给学员们带了皮塔饼和炸肉排。"然后，砰！就到跳伞训练了。六天后，我的腿几乎不能动弹，我不断坚持下去。这与我在战斗部队的朋友所做的相比是小菜一碟，可它仍然很艰苦。"

开始上课时，课程的负荷真的非常大。但是埃里克自有锦囊妙计。他总是有能力在考试前，把精力集中在学习上，并且做得很好。从希伯来大学和塔皮奥特的学术课程毕业后，埃里克预期将做六个月的研究和开发，然后再做其他事情。这已经计划好了。他的工作是为以色列的 F16 战机开发一套新雷达系统，以色列空军将会把这套系统安装在美国制造的战斗机上。

但他将要服役的空军基地指挥官说："够了。如果你想成为一名飞行员，你现在就得来。"跨越了官僚障碍，签署了文件，埃里克又将在军队从最底层开始服役。（国防部后来视此为一个糟糕的决定。在随后的几年里，除了少数例外，塔皮奥特的毕业生都必须做一些研究和开发工作，然后再去战斗部队。）

埃里克终于开始学习飞行。从飞行学校毕业后，他拿到了一架 F4 鬼怪（F4 Phantom）喷气机的钥匙，以色列空军曾大量使用这种战斗轰炸机。但就在他被分配到 F4 飞行中队后不久，以色列空军决定这架飞机的辉煌时期已过。埃里克很失望，但对他的新任务还是很满意。直到今天，他还是个 A4 天鹰（A4 Skyhawk）的飞行教官。和 F4 一样，A4 曾经是以色列空军战斗机群的重要组成部分。埃里克在那些对于现在已经过时的飞机上学到的飞行技巧,现在能仍然能派上很大用场。"我每隔两三周花一两天时间去预备役部队训练飞行员进行空对空作战。我通常教缠斗。如果明天有两架 F16 战机——一架来自埃及,一架来自以色列,近距离接近,即将出现一场缠斗。我教缠斗就像教别人运球。当然,你不是发射子弹。你的目标是拍一张在你的枪炮瞄准器里的那个人的照片。你在他后面 300 米远处,他在你的瞄准镜里扭动,这一切都被录像捕捉到了。你下来后,做汇报,找出谁赢谁输了,以及为什么。"

许多塔皮奥特毕业生谦恭地说,无论他们对以色列的安全做出过什么贡献,其重要性都不及一位真正的战士、一名前线的士兵、一名飞越敌人领地的战斗机飞行员,或一名在海上参与战斗的士兵水手所做出的牺牲。

塔皮奥特第二期的波阿兹·利频认识一位来自基布兹 (kibbutz)农场的极聪明的塔皮奥特年轻新兵。波阿兹说,过了几个星期,他就退学了。他觉得他不能穿着"贾布尼克" (jobnick)制服回去他们基布兹。"贾布尼克"指的是以色列军队中不直接参与作战的文职士兵。他可能在后勤、情报或在以色列国防军的公共关系部门工作,这些都是使军队和国家运转的重要工作,但他们没有被视为在为自己的国家冒生命危险。"军队总是将那些冒着生命危险的人放在更高的平台上。最极端的情况是战斗机飞行员。人们以不同的眼光看待他们,而且永远都会是这样,"波阿兹说道。

在约 700 名塔皮奥特毕业生中,有几个人决定转入战斗岗位，推迟研究和发展工作或其他更传统的塔皮奥特毕业后所从事的工作。

其中一名士兵是来自塔皮奥特第十一期。由于他在塔皮奥特计划和以色列国防军服役中所起的作用，国防部不允许公开他的名字。他后来成为塔皮奥特指挥官，但在此之前，他曾通过努力加入了以色列国防军最大胆的部队之一，翠鸟部队。这支小型的特种作战部队隶属于空军。这支部队的士兵有时会被空降到敌方战线的后方深处，执行突击和其他秘密任务。他们虽然不是飞行员，但他们负责执行以色列空军最重要的任务之一。

据说在叙利亚的核反应堆被以色列战机摧毁之前的数日和数周内，该部队的士兵被派往叙利亚的代尔祖尔地区。他们被要求收集土壤样本，以确认该地区是以色列情报机构所怀疑的目标。

他们使用激光或电子设备撞击一个结构，这将有助于引导炸弹或空地导弹找到准确的目标位置。这对于小型和敏感的目标来说尤其有用。当目标在人口稠密地区时，这也是一种减少附带损害的方法，因为敌人经常在人口稠密地区运作。当以色列感到没有选择，只有打击这些目标以保护自己的公民时，但减少对方平民伤亡的愿望始终是非常强烈的。当平民受到伤害时，世界舆论会迅速站到以色列的对立面。

这位前翠鸟成员远不是唯一演变成真正的突击队员的塔皮奥特人。还有其他几位塔皮奥特学员一毕业即进入了特种军官学校,并在赴黎巴嫩参战前成为排长。

其中一名战士(因其目前的地位和担任的敏感的安全工作,必须隐瞒他的姓名)的非凡故事继续鼓舞着新兵们。我姑且称他为纳坦。他的朋友和手下的士兵说他是"世上的盐"(意思是:社会中坚分子)。他看起来就像他一直想成为的武士。他的头发被剪短到露出头皮,肩膀硕大而宽阔,身材像个中量级冠军。不是那种你敢和他打架的人。

纳坦来自离黎巴嫩南部几英里远的一个农业小镇。其东边几英里处就是叙利亚边境。孩童时期,他参加过安全演习,他还记得从黎巴嫩射过来的火箭,距离近到让人无法安心。

纳坦这一代人被称为"赎罪日战争儿童",他在战斗结束后不久出生。在十二岁的时候,一位医生告诉他,他将永远无法实现成为一名战斗机飞行员的梦想,因为他的视力很差。他母亲替他感到非常失望,但他高兴地告诉她,"我不去开飞机,但我会制造不需要飞行员的飞机。"从那时起,在不太了解塔皮奥特的情况下,他就朝着这个方向上引导自己。

因为他担心招聘人员不会在他的小镇里找到他,纳坦决定向塔皮奥特提出申请,这在当时是罕有的做法。当他通过迷宫般的申请过程时,他被向他抛出复杂的问题的"满屋子的将军"所吓倒。但其中一个亲切、温和的阿维·泊莱格上校在主持面试。这位瘦弱的小镇孩子,后来成为以色列国防军的一名重要战士。他被问及微波是如何工作的。"我记得自己几乎没有想法,但给出一个连贯性的答案。其余的几乎完全是一抹黑。我非常非常专注，努力保持抬着头，不把头低下来。我出来后，对里面发生的事情几乎没有记忆。"他还以为他被录取的概率是零。

就在纳坦开始考虑替代方案时，他听说他的高中班级中有一半以上被伞兵部队录取。无奈他视力不佳，这让他无法进入作战部队，他想着"做点别的事"，这时电话铃响了。他被塔皮奥特录取了。他欣喜若狂！

他所在的塔皮奥特班被分配与伞兵一道接受基本训练，这是他一直钦佩的部队。虽然他不是班上最优秀的学生，但在军旅生活中，他却出类拔萃。这名军校学员在访问陆军前哨、海军舰艇、空军基地、炮兵部队、装甲部队，以及正在从事激动人心、面向未来项目的研究和开发团队的过程中茁壮成长。"塔皮奥特中我最喜欢的部分是那些学期之间的特别安排，这就是去访问和接受训练。我记得我回到家见到我所有的朋友，他们实际上去了战斗部队。我可以说：'上个月我做过你的训练，这个月我做了你的。'"

他班上的学生据说都格外急于质疑以色列高级指挥部的上层人物。一天，该班级参观了一个空军基地，并听了阿维胡·本-农将军的讲座。他在 1987 年至 1992 间担任以色列空军司令。本-农担任飞行员时成为王牌飞行员，确认至少在三次空对空战斗中击落敌机——两架埃及米格和一架支援埃及的俄罗斯米格战机。他受到全国人的尊敬。

这位将军正在解释他购买更多 F15 而非 F16 战机的决定。

听他演讲的塔皮奥特班学员入伍还不到两年。纳坦回忆道："其中一个人举手，当场向他挑战：'这是个很糟糕的决定。你怎么能这么做？难道你看不出空军真正需要什么吗？'最后，阿维胡解释了他为什么那样做，并且他显然赢了那场争论。但国家中有多少二十岁的年轻人敢质疑传奇人物的智慧呢？"这位由学生变成的战士带着调皮的微笑继续说道，"当我们遇到大指挥官时，我们不用多久就会提问题。那是我们的精神。一切都可以挑战。我不知道这是否会惹恼那些指挥官们和令我们的官员尴尬，但我现在年纪大了，我可以明白它会是什么样的情况。"

当这位杰出的青年学生进入第二年中期时，他开始对塔皮奥特的学术轨迹有了重新考虑。他喜欢到实战环境中去，并认为在那里他可能会贡献更大。他开始起了去上野战军军官学校的念头，希望能带领一个排。他的指挥官们告诉他，他们可以帮助他朝着这个方向前进，但他们敦促他先完成他的功课学习和学位。

尽管进入了塔皮奥特，纳坦从来没有失去成为真正勇士的愿望。毕业后，他的同学们多数接受了他们的任务——主要是在研究和开发领域，而他却去触碰泥土，差不多如此。他回到了基础训练，然后设法上了军官学校和指挥官的课程。

他的目标是一个直到最近还是国家机密的装置，反坦克导弹装置。这种导弹被称为"塔穆兹"，是拉斐尔开发的一种肩扛式制导导弹。它也可以从一辆吉普车或小型装甲车上的安装位置发射。它由少量固体燃料推进，使重装相对地容易。

在叙利亚内战期间，以色列军队在边境巡逻时多次使用塔穆兹。当叙利亚军队或叛乱分子故意或无意地向以色列发射叙利亚迫击炮炮弹时，以色列经常通过用塔穆兹导弹来摧毁其地面炮火的来源来作为回应。

纳坦显然很享受在战场上服役，并为此感到自豪。他对塔穆兹充满热情，他说："该导弹是采用远程视觉控制的。在导弹的头部有个摄像头，你只要针对目标来机动操作导弹。对我来说，它是一种集先进技术与实战装置为一体的伟大结合。"

十几年来，他一直在同一反坦克部队服役，是个会走路、会说话的坦克杀手。如果战争来了，他的目标将是使用出其不意的武器去干掉敌人坦克，而无须国防军在这些地区部署完整的坦克部队。除了其他方面，他的部队被训练得可向几英里外的坦克开火，而不被敌人发现或跟踪。

他现在是预备役部队中校，负责领导多达 400 人，他训练他的队员能够在十五秒的间歇时间内重新装弹并开火。作为预备役军官，他出于种种原因显得反常，其中之一就是他真诚地享受着自己的预备役义务。对他来说，服役的思想意识必须要遵守。他认为，"预备役军队是真正的绿色军队，需要保持状态并准备就绪。我们的预备役军人在所有战争中都在为以色列而战并拯救这个国家。我在预备役部队找到了我的家。"他每年服役七十至八十天，对以色列人来说这是很高的服役比率。大多数人每年在预备役部队最多只服役几个星期。

　　军事史学家同意他对以色列预备役部队的评估。由于常
备军大约只有 17.5 万人,因此预备役军队显得尤为重要。预
备役军人数量几乎是正规军的四倍。在过去,以色列常备军的
主要任务是在遭到攻击时,把敌人拖住,直到预备役部队到位。
虽然战争发生了变化,以色列军队也是如此,军事将领们和政
治领导人都知道会发生意外情况,因此在全国范围内,仍然对
预备役部队保持着高度重视。

　　这个来自小镇,曾担心自己的军事生涯不那么出色的谦逊
的以色列人,经常被塔皮奥特请回来给新兵讲课。当然,他每
次都同意了。纳坦在激励更多塔皮奥特毕业生加入地面部队
方面发挥了重要作用,而以色列国防军希望能还有更多人会追
随他硕大、能干和专注的脚步。

第 **15** 章
以色列的新英雄

　　以色列爱美国。他们把美国看成是机会之地。他们认为这是个购物的好地方,以至于到访美国的以色列人都带个空手提箱,用来装他们买来要带回家的新衣服。以色列人还拿美国电视当饭吃。他们喜欢《宋飞正传》《辛普森一家》《都市欲望》,名称多到说不完。有一天,阿沙夫·哈雷尔,一名以色列的演员和作家,正在观看一集家庭影院(HBO)的原创系列《明星伙伴》。如果你不熟悉它,这个剧是关于一个来自皇后区的孩子的故事,他在好莱坞大获成功,成为一个巨星。他的异父母哥哥已经是二线演员,但他也把他最亲密的两位朋友带到了加利福尼亚。其中一个成了他的经理人,另一个负责管理他们的家,四个人共住在南加州的一些最好的居民区里。

　　正当阿沙夫在观看该剧重播时,消息传来,说米拉比利斯,被称为 ICQ 的即时通信计算机程序背后的公司,已被美国在线(AOL)以 2.87 亿美元收购,另加 1.2 亿美元的延期付款。这在当时是有史以来有人为收购一家以色列公司支付的最高价格。以色列人完全被迷住了,他们很快了解到了这家公司令人难以置信的背景和它的巨大市场价值的原因。米拉比利斯是由五名以色列人在 1996 年创立的。其中四人是朋友,第五位是尤西·瓦尔蒂(现在是以色列投资界的传奇人物,另外四位创始人之一的父亲)。他们在认识到这项技术存在,却无人真正尝试使用它之后,决定开发即时消息。他们的目标是能够使用微软的视窗操作系统来连接计算机用户。

阿沙夫说:"当米拉比利斯被卖掉的时候,这对这个国家的年轻人来说是件大事,事实上对以色列的每个人来说都是如此。几个人自己创造了一些东西,并把它卖了数亿。这在以色列是以前从来没有发生过的事情。我们从未有过年轻的百万富翁,特别是那些自己创造了财富的人。我记得全国每个人对这件事都很热心。我想如果所有的以色列人都有兴趣阅读关于它的消息,他们很可能会去看一场关于它的节目。从那时起,这种创业精神不断涌现。但我们是第一个真正把它变成流行文化活动的人。"

阿沙夫采用了年轻的以色列百万富翁的故事情节,并应用了美国连续剧的成功因素。"《明星伙伴》是一部纨绔子弟连续剧。走路和说话都是纨绔子弟的架势。ICQ 给了我们以色列风格的《明星伙伴》的背景材料。"他和他的朋友们有了这个想法后立即开始写作。几个月后,这部剧获得了批准,他们在

2005 年开始拍摄。阿沙夫是这个剧的创意人，也是明星人物之一的盖·福格尔的扮演者，是四个主角中最严肃的一个。

这个剧名叫《美素达利姆》。在英语中，这个剧名大概可以翻译为《安定生活》。这部电视剧是一部戏剧性的喜剧，讲述了四个朋友以 2.17 亿美元把他们的高科技公司出售给美国公司后如何生活。四个朋友一起买了一座豪宅。他们彼此在女人、金钱，以及他们如何能够共同在生意上迈出下一步方面相互管闲事。《美素达利姆》很快成为以色列收视率最高的喜剧连续剧。

阿沙夫是一个聪明且精明的制片人、导演、作家和演员。他非常了解这个国家，这有助于他抓住以色列在如何变化的本质。他看到它正在成为一个如此重视创业精神和技术的社会，以至于他可以把一桩数百万美元的技术交易变成一部电视连续剧。他敏锐地意识到这个国家的英雄们已经转变了。

他解释说："过去，总参谋部侦察部队（以色列的特种部队）是人人努力加入的部队。""他们是我们的英雄。他们过去是明星，如来自 101 伞兵部队的阿里埃勒·沙龙、来自总参谋部侦察部队的埃胡德·巴拉克和本杰明·内塔尼亚胡这样的人。这些部队也都曾经是我们的特别俱乐部。但现最受尊敬的是高科技部队——8200，尤其是塔皮奥特。以色列人对高科技人员的认可方式，堪比美国人对运动员和名人的认可。"

阿沙夫认为，以色列社会中的变化诞生于对 1973 年"赎罪日战争"的醒悟。"许多年前，战士们为以色列创造了一个认同身份。人人都服过兵役,过去是它来告诉你,你将会成为什么样的人。但是自从那场战争之后,国家开始改变。我们从强调肌肉到重视大脑。塔皮奥特和其他'思维'部队代表了以色列对创新的全球贡献;智慧是通行全球社会的新护照。因此,现在这些 8200 军人和塔皮奥特毕业生是我们的新英雄。"

以色列从一开始就存在着头脑和肌肉、个人主义和共同利益、军人和管理者之间的较量。几十年来,这场较量在伊扎克·拉宾和西蒙·佩雷斯之间的对抗中显露无遗。世界上许多人总是把这两个以色列政治巨人视为盟友。但每个以色列人都知道实际情况并非如此。

"伊扎克和西蒙彼此讨厌对方。伊扎克是战士、将军。西蒙从来没当过战士,但他是以色列国防部的首批行政官员之一。战士们接受教导不要信任没有参加过战斗的人,而西蒙则憎恨这种态度。两种不同的方法之间存在着这种持久张力,他们在工党中总是互相对立。它是制服与西装之间的较量。"

阿沙夫·哈雷尔视塔皮奥特在以色列国防军及以色列文化上的成功,为西蒙的终极胜利。他断言,"以色列仍然处在战士时代,直到最近才开始变化。""我们现在开始向前发展了。"阿沙夫也相信不久以后,曾经在塔皮奥特等精锐技术部队里服役的战士们将会在国家担任政治角色,甚至可能是担任总理。

塔皮奥特的成功也证明了以色列从一个社会主义社会转换到了一个更加资本主义化的社会。作为一个密切关注以色列社会和文化的人，阿沙夫认为现在金钱在以色列比以往任何时候都重要。但以色列远非唯一的一个金钱比以前更重要的国家。在美国和西方世界也是这样。事情本来就是如此。批评它是无济于事的，你只能尽力而为。你可以争辩说这种发展是好的，因为它促进教育。人们努力接受更好的教育，他们因此获得更高的薪资，慈善事业的捐款也来自这些钱。尽管如此，他的下个以色列电视节目的内容将是《美素达利姆》的反面。是关于整天坐在咖啡馆里抱怨他们生活的老男人的故事。

随着社会态度的变化，塔皮奥特新兵的人气也随之而增。塔皮奥特的许多成员说，在他们入伍后，花时间从他们的老邻居和高中学校那里找到他们电话号码的青少年人数多得令人吃惊。他们给他们打电话来问他们在做什么事情，以及他们通往塔皮奥特的道路的情况。

萨尔·科恩来自哈代拉（Hadera），就在特拉维夫以北，他是哈代拉高中输送到塔皮奥特的第一个学生。"年轻的孩子们追踪我，"萨尔诧异地说。"他们问我在塔皮奥特我会怎么样？我怎么进去的？"

很明显，他们都认识到它的重要性。他们不仅想要该项目提供的教育、训练和声望。他们还希望能够得到在他们今后一生中说自己是塔皮奥特精英的一部分所带来的额外好处，回报甚丰。

第16章
"仅限塔皮奥特人申请"

　　人脉网络是塔皮奥特经历的重要组成部分。这对于学员、全职在部队服役的毕业生,特别是那些已经转移到私有领域工作岗位的人来说都是如此。习惯上被称为"塔皮奥特人",这些毕业生互相聘用,互相帮助寻找工作,并在可能的时候加以促进。毕竟,这是一个为解决问题、回答问题和解开人生谜团而生和接受培育的人的网络。

　　玛丽娜·甘德琳有一天也加入了这个塔皮奥特的传统人脉圈。目前,她正在帮助她男朋友,一名8200部队的战友,寻找一个开始他职业生涯的机会。她感叹说,我们在网上帮他找工作,我们很吃惊地发现,在通信和计算机领域竟有如此多的顶尖职位要求"仅限塔皮奥特人申请。""对我来说,这将会有帮助。如果你的公司正在寻找一个领导者,你可能会聘请一位空军领导人或战斗部队领导者。但是如果你在寻找一个领导者和技术专家，你很可能会说'只要塔皮奥特人'。它是这些品牌中最好的一个。"

那些"仅限塔皮奥特人申请"的广告经常是由渴望塔皮奥特人到他们公司工作的非塔皮奥特人发布和在招聘网站上发出的。但是，当公司是由一个塔皮奥特人在经营的时候，特别是初创企业，只希望与其他塔皮奥特毕业生一道工作的愿望愈发强烈。许多塔皮奥特人会说他们使用的一种特殊的语言，他们真正能够相互理解，一个塔皮奥特人与另一个之间存在的信任，他们知道如何把事情做好，他们同享着独特的共同经验。

"塔皮奥特是个极好的人际网络平台，因为它是个人际关系非常亲密的项目，"来自塔皮奥特第二十五期的埃拉德·费博说，"在三年零几个月的每天十八小时里与同样的三十人在一起，你会很了解这些男孩和女孩。当你看到他们的影子时，你几乎就能认出他们是谁。他们会为你做任何事情。我们感到真正有互相帮助的义务。这对于你同班和上下年级的任何人来说尤其如此。这种强大联系从学习期间到服役，以及到私有领域工作期间一直持续下去，没有任何限制。这是一个非常紧密交织的社群，虽然我们都需要谋生，但金钱从来都没出现在这种关系的方程式里。"

这个精英俱乐部的一些毕业生想出了一个叫"塔皮网"的项目。这是专为毕业生建设的网上论坛。如果他们在找一个人来担任管理团队中的某个角色，或者需要一个具有某些技能的程序员，或者如果他们仅仅是想解决一个以前认为无法解的问题,那么它就可以帮助一个毕业生与另一个之间建立联系。

从"塔皮网",空军飞行员埃里克·泽尼亚克产生了"塔皮会"的想法。一年数次,埃里克会找到一个场地,并邀请所有700多名塔皮奥特毕业生参加一个晚间论坛。每次论坛上都有几位演讲者,这些都是在他们所在的领域正在往顶层晋升的塔皮奥特毕业生。

2012年春季,在特拉维夫大学的一个大型演讲厅内举行了一次这样的论坛。来自三十个不同班级的毕业生到场,数百人出席。他们在一起团聚、回忆,并听取了塔皮奥特同仁所做的关于细胞如何工作、生长、改变,以及如何可被变异和治愈的演讲报告。

他们还听取了埃拉德·费博的报告,以上引述过他的谈话。在他被招募进塔皮奥特之前,埃拉德已经死心塌地要成为一名战斗机飞行员。他已经开始在走招聘程序,就像早几年的埃里克·泽尼亚克一样,但他认定追求加入塔皮奥特也将是一件值得去做的事情,因此,他同时开始了两个平行的申请过程。他最古怪的记忆之一是被塔皮奥特的面试官要求辨认詹尼斯·乔普林和弗罗伦斯·南丁格尔,并解释第一次世界大战是如何开始的。"我知道詹尼斯·乔普林,"他回忆说,"但是我不知道第一次世界大战是什么时候开始的,或者弗罗伦斯·南丁格尔是谁。但我现在知道了。"

在希伯来大学完成他的塔皮奥特学习之后,埃拉德在国防项目承包商拉斐尔担任项目管理工作。他认为,拉斐尔对他非常感兴趣的原因有几个，其中包括他能够接触塔皮奥特网络。"他们知道，当他们让我们中的一人加入一个项目时，他们就可以接触到更多人。他们知道我们将会利用塔皮奥特网络。我可以吸引其他塔皮奥特人并能够接触到他们的想法，即使他们没有直接在同一个项目上工作。这就像一个好主意的灯塔。"

在拉斐尔逗留一段时间之后，埃拉德转到了国防部，在那里他管理着一些对国家安全至今仍然非常重要的大型项目。他的工作与一个重大软件升级有关。该项目已经部署，目前以色列军队正在使用。其余的情况都是机密。

埃拉德说，正是由于这些类型的大型项目，他与来自许多不同背景并代表了许多利益方面的人合作和帮助他为自己未来在企业发展做好了准备。当他完成了在以色列国防领域的工作后，他开始寻找他跨入私有领域的真正第一步。埃拉德放弃了几位较他年长的塔皮奥特毕业生提供的一些机会，接受了斯坦福大学工商管理硕士（MBA）项目的入学机会。就像大多数出国留学或创业的塔皮奥特人一样，埃拉德发誓要回国。

他在他的研究生课程和塔皮奥特之间看到了相似之处。"斯坦福大学的 MBA 课程也非常紧凑，非常紧张。塔皮奥特项目非常鼓励我们一起工作，人际关系非常重要。这个项目给了我第二个全球网络。"

在学习期间，他创办了艾可实验室。该公司已经设计了一种方法，采用电光学技术，以非侵入的方式来测试血液。埃拉德说:"这项技术有很多消费用途。它更多是供运动员使用的,而较少是供医学界使用。它能告诉他们在某些条件下他们身体的表现,他们什么时间应当休息,他们什么时间应该吃喝。它有助于他们优化自己的身体。"

埃拉德自己亲手制作了原型设备,他在整个旧金山地区的五金店购买设备,并把它们装在一块手表大小的可穿戴设备上。塔皮奥特网络上的人一直保持着联系,帮助他寻找额外的资金支持。

罗特姆·艾尔达是塔皮奥特第十六期学员,他毕业于1994 年,早于埃拉德九年。罗特姆在双子座风险投资公司工作,这是以色列最大的风投之一。罗特姆立即对艾可实验室感兴趣。虽然目前还不确定双子座是否会进行早期投资,但罗特姆一直在帮助埃拉德与合适的顾问进行联系,他们可能能够在现在及将来为他提供资金上的帮助。

罗特姆在赫兹利亚匹图阿的一座大楼的第十一层工作,从办公室可俯瞰地中海的景色,这是全以色列最富裕的城镇之一。下面的街道上有寿司店,在双子座的大堂有一个 Xbox 视频游戏机系统。在帮助开发一家总部位于波士顿的通信公司及其营销之后,他于 2011 年开始在双子座工作。他说,他在双子座工作中的大部分时间,是在尽职调查,确保他可能会推荐投资的公司是个明智的选择。他在工作中广泛利用塔皮奥特网络。

他指着窗外主动说道,我们把这里叫做"硅溪(Silicon

Wadi）"。50%的初创公司都在我们所站位置的两到三英里半径的范围内。微软在一个街区之外。博通（Broadcom）在那边的大楼里。总的来说，以色列，特别是以色列的高科技，就像一个沼泽。大多数人彼此之间都认识。但正是我的塔皮奥特网络，真正帮助我游走于杂乱之间并更快地获得可靠的信息。

"我认识来自塔皮奥特，在军队所有不同领域都待过的人，他们走过的道路通向了各种不同的行业和不同的公司。这个网络对我和双子座来说是一个巨大的优势和节省时间的工具。从我的立场看，你从一家公司的账簿或财务上看不出多少东西，对于初创企业来说尤其如此。你需要的是信息，我的塔皮奥特关系能帮助我获得这些信息。"

此外，一旦罗特姆决定双子座可以把钱投入某个项目，有塔皮奥特关系可为罗特姆和双子座敲开对方大门。"如果它是个好机会，就会存在竞争和困难。许多风投公司想要投资好的概念——下一个脸书（Facebook）公司，如果你能认出它，那么大家都想参与。人际关系是关键，如果你认识那里的企业家或认识了解他或她的人，你就有更好的机会进入，并且是首先进入。老实说吧，没有那么可投资的好公司。"

当交易的对方有一位塔皮奥特人参与时，罗特姆笑着说："我们简直说的是同一种语言；我们是在同一波长上；他们对我说话时很自在，这给了我优势。塔皮奥特是一种突破界限或忽视它们的网络。"

这一观点得到了五位塔皮奥特毕业生的共鸣，他们全部受雇于塔卡嘟(Takadu),一家负责监测城市供水和系统的以色列公司。该公司的所有者,塔皮奥特毕业生阿米尔·佩莱格,在创办公司后不久就把塔皮奥特毕业生招收进来了。其中之一,哈盖·斯克尼科夫,反映说,"如果有人打电话给我且开口就说,'你不认识我……我来自塔皮奥特,'感觉上立即有些不同。他们不一定是我会与之一起工作的人。但他很可能有什么有趣的事情要说。的确,这里头有一些老男孩网络的元素,但它通常是非常有帮助的。这是很强大的东西。还有其他地方你总是能够与比你年长或年轻十岁或十五岁的人自动接触吗?"

建立终身关系网的先例始于他们的军旅岁月,其间塔皮奥特人可以通过相互扶持来应对官僚作风。有时政治、官僚,或技术问题会延缓事情进展,但塔皮奥特人能够通过与在其他部队工作的塔皮奥特毕业生合作,更快速地推动事情向前发展。

另一名塔卡嘟雇用的塔皮奥特毕业生尤里·巴尔凯解释道:"事情在通信中会丢失。为了与其他部队沟通,你必须顺着级别向上走,然后再往下。因此,可能会有一些信息误传,当你通过打电话给一个塔皮奥特校友时,信息流动速度更快,这是非常好的。"

哈盖回忆起一个实例,他的指挥官希望他接手一个沟通的角色。"我说,'我不太确定。'然后我问道,'对方是谁?'当我的指挥官回答说,'奚米(Simmy),他也是个塔皮奥特人,'我立即同意了。当然,老板要付出的代价是我们每天将花三十分钟闲聊。"

生物学家罗恩·米洛从来不唠叨。计算机科学、物理学、技术和化学是他在魏茨曼研究院所使用的工具，这是个在特拉维夫以南的雷霍沃特市的世界级研究中心，就在耶路撒冷西边。该研究院由化学家哈伊姆·魏茨曼创立于 1934 年，他后来成为以色列的第一任总统，该研究院于 2011 年被《科学家》杂志评为学者在美国以外做研究的上佳机构。

它对像罗恩这样的塔皮奥特人来说是块磁铁。从办公室门上的名牌上显示的来看，这里充满了塔皮奥特毕业生。在魏茨曼，罗恩和他的团队正在研究"可持续性的重大挑战"。这意味着他们正在努力提高自然界最大成就之一——光合作用效率，来更快地种植粮食，并将它应用在最需要粮食的地方，在世界上许多人挨饿的贫困地区。他简单地解释了他的复杂研究："我们正在探索碳代谢的可能性、极限和最优性。我们希望了解其设计原则的基本原理，目标是更有效地提高我们生产食品和燃料的能力。"

罗恩很清楚是什么带领他在魏茨曼走上这条道路的，一个他真正企图拯救世界的栖息地。"我接受了科学训练，而且塔皮奥特的训练是深刻和广泛的。它帮助我掌握了数学、物理和计算机科学，这是我成为现在的我的真正的关键。"

虽然他非常尊重这个项目本身：从征兵到军事训练，再到毕业典礼。但他认为这些没有一样能够与新兵之间如何互相带动、项目导师如何管理学员，以及过去的塔皮奥特毕业生如何影响那些后来人的职业(和生活)轨迹相比。

"在塔皮奥特,和你在一起的人及你所接触的人,和训练本身同样重要,甚至更重要。你沉浸在有趣和优秀的人群里。你会受到你的指挥官和教授的影响,他们不断地告诉你,你可以有所作为。当你完成这个计划的时候,你相信这些话,并且对自己也会有很高的期望。"鉴于这种令人兴奋的环境,罗恩相信一旦一个塔皮奥特人参与了一个重要的、有吸引力的项目,他将会聘请其他塔皮奥特人加入其中,也就不足为奇了。人们对类似的追求有着天然的亲和力。网络又再次启动,确保你可以信赖加入项目的塔皮奥特同仁来证明他们自己的价值。

罗特姆·艾尔达用这些告诫话语来总结塔皮奥特的优势。"记住,在生活中没有成功的门票。你不能仅仅依靠说'我来自塔皮奥特',然后就能够得到你今后一辈子想要的东西。但你确实有与优秀的人交往和与优秀的人建立联系的好处。当你最终需要依靠自己的时候,你就有了一种内在的个人咨询团队,随时准备帮助你找到答案和做决定。"

第**17**章
项目成功

在前面一章中，我们看到了独一无二的塔皮奥特网络是如何将该项目的许多毕业生置于以色列产业前沿的。追踪前塔皮奥特人的生活，观察他们的训练、教育和军队的经历，以及在以后的生活中如何得到回报，是一件令人着迷的事情。塔皮奥特人所到之处皆产生影响，他们以前所未有的方式影响着以色列的经济。

1993 年，互联网尚处于起步阶段。它仅存在于研究人员在进行网络试验的几个领域里。在某些情况下，一些用计算机连接到电话线的个人，可以通过具有类似传真连接的集线器相互通信。在通信成功连接之前，人们真的会听到一串传真般的拨号系统的声音。

甚至对高科技世界的人们来说，这一小型网络有朝一日可能成为全球商业、银行业和营销中心的前景仍然是纯粹幻想。

但一个以色列人的小团队看到了未来的前景,他们看到了互联网的价值。他们设想了一个世界,在那里网上进行商业和银行交易将是理所当然的事。他们在这个领域遥遥领先。

塔皮奥特第二期的学员马利斯·拿特(我们在 6 章中曾经遇到他)在奥多特(Opfrotech)工作,该公司是首批在纳斯达克上市的以色列公司之一,其中一名高管获准创建一个单独的部门,称为迦得(GAD)。马利斯应邀到这个新部门工作。老板对细节很含糊,但马利斯愿意大胆一试。他解释说:"他不愿告诉我这个项目是怎么回事,因为他不想泄露秘密。但他很聪明,所以我在不知道将要做什么的情况下,就接受了这份工作。在我签了文件之后,他告诉我,我们将致力于开发一台又大又新的精密打印机。我对自己感到失望,一两年前,我还在拯救战斗中的以色列飞行员的生命,而现在我却在做打印机。我傻掉了。他要我负责运作业务的软件部分,这部分非常复杂。他说将只有五个人在那里工作,其余的外包。"

奥多特随后将与奥比特(Orbit)合并,然后成为奥宝科技,仍在纳斯达克进行上市交易。该公司为电子行业提供产品制造、销售和服务,其中包括电路板。它还专门从事一种称为自动光学检验的工艺,采用相机给电子元器件拍摄非常详细的图像,然后报告该设备上可能存在的任何问题。

马利斯承认自己当时对软件一无所知。"当我在塔皮奥特学习时,几乎没有计算机科学实践。我甚至不知道 DOS,而那时只有 DOS。"不知怎的,他后来自学了 UNIX 和宏-S

（Macro-S），然后学习如何在苹果的 OSX 上编程，所有这些都是奥多特需要的。

后来马利斯在试图编写使计算机能够操作他正开发的先进激光打印机的代码时遇到了问题。他回忆说："没有人能解决这个问题。有人叫我打电话给一个名叫吉尔·史威德的人，他曾在 8200 部队工作，当时是以自由职业者的身份为太阳微系统以色列公司工作。他讨厌公司的生活，只有在完成一个项目后，然后再签署一项新任务。他是自由职业者中的自由职业者。因此我邀请他来帮助我，几天后他出现了。他坐在显示器前，我一边描述问题他就开始打字，甚至不问我想做什么，只关心存在什么问题。我不停地说着，他不停地工作着。我吼道，'嘿，你为什么不听我在跟你说什么？他连头都没抬；只是说：'别担心，继续说下去。'"

马利斯马上笑了。"吉尔是个了不起的程序员。即使在今天，也没有人能与他匹敌。他在三个小时内解决了一个我们已经工作了一个月尚未解决的问题——我们的团队里有一人拥有博士学位，还有一人拥有计算机科学硕士学位。"

"他当天下午离开奥多特时用意大利语说，'ciao, arrivederci（再见，再见）。'但我们保持着联系。我成功地说服了他来公司工作。这真是一个壮举。他从不听从任何人的命令。对于他来说，有个老板和领薪水是荒谬的。我为能够说服他来为我工作而感到十分自豪。"

马利斯和吉尔几个月后离开了奥多特，到一家总部在纽约的以色列仓储自动化公司工作。他们的客户包括波音和宝洁公司。他们的数据存储方式过时，它运行在一个称为 VAX 的系统上，吉尔和马利斯把它全部转换到了 UNIX 系统上来。

据马利斯说，吉尔那时总是会说"我有个好主意。互联网是未来的大事。它将需要安全保护。"吉尔的心中想到的就是后来成为人们所知的防火墙方案，是为保护用户免受各种外部计算机攻击而设计的软件。

马利斯承认，"我当时真的不知道他在说什么。我对互联网一无所知。即使是这个概念我也难以掌握。但吉尔说服我和他一起从奥多特辞职，他说：'这是现在正在发生的事情；我们必须做些什么。'这就是捷邦（Check Point）的起源。"

尽管捷邦主要是吉尔的主意，马利斯说他慷慨地提出要把公司股权按五五拆分。马利斯知道他即将被埋葬在雪崩式的工作当中。于是他去牙买加休了几周假，在"天堂"里思考和放松。他在岛上的时候，接到了吉尔的电话，问他是否介意让第三个人加入公司，什洛莫·克莱默，他是吉尔来自 8200 部队的一个朋友。尽管马利斯与他并不直接认识，他还是同意了。公司股份重新分配，每人占三分之一。

虽然吉尔是新公司背后的主要推动力，马利斯回忆道，他甚至连一台电脑都没有。所以我把我的公寓给了他。我有一台英特尔 386。我的卧室成了我们的办公室。不久之后，什洛莫的祖母去世了。她的公寓成为我们的办公室，我的卧室又重新收回来了。尽管有一些种子投资，但吉尔、马利斯和什洛莫都同意,他们不希望聘请任何人来帮助他们,直到他们有信心可以开始获得客户并且在没有外部资金的情况下维持自己的运作为止。毕竟,如果他们失败了,他们也不想连累其他人。因为那样会对他们在这样一个小国里的名声不利,但更糟的是,这将"有损于他们的灵魂"。因此,他们自己承担了大部分的琐碎工作、肮脏工作、组织和秘书工作。

一旦事情开始看起来更加安全些,他们第一个雇用的是个名叫丽默尔·芭卡的女人。她的工作是帮助三人组织他们的想法和安排时间表,提供力所能及的支持。她成立了销售和营销部门。那时候,捷邦每个人都是样样事情都做。

丽默尔说:"我那时甚至不知道互联网是什么。它在当时是很特别的东西,但都是技术和学术上的。我们必须先教育自己,然后才能接触潜在的客户。首先,你必须解释,他们可以使用互联网做生意。然后你才可以谈潜在的问题以及我们的解决方案。你不会去对一位潜在客户说,'连接并使用防火墙。'你得说,'这是互联网。'我记得对可能成为客户的人说,'你有网站吗?'如果他们说没有,我不会去打扰他们,因为他们落后了。但事实上,对于一家科技公司来说,我们远远落后于自己。他们第一次拿来一台个人电脑时,我们都不想碰它,我们都紧张得要死。他们会说一些关于微软的事情,我会说:'微软到底是什么鬼玩意儿?'"

丽默尔回忆马利斯·拿特在美国追逐客户的情景。"他一直在出差。他会几个月都在车上工作和睡觉,就像个经典的旧时犹太推销员。他真的是上那些公司去敲门。"

　　当我告诉马利斯丽默尔说了什么的时候,他得意地笑着回答道:"听起来像我。"在马利斯对一家在美国的公司的早期拜访中,他在波士顿附近遇到了一个首席技术官,那人说:"不需要网络安全,根本不需要。"该公司是软件制造商,莲花(Louts)。"他们笑得我离开了办公室,"马利斯说,"他们认为互联网不需要任何保护,网络永远不会成为商业通信工具。我们第一次去那里,网络管理员告诉我,'我永远不会连接互联网。我不需要防火墙。'你能说什么? 如果你不打算连接互联网上,真的不需要防火墙。最后那个家伙被踢出来了,取而代之的人打电话给我们。我给他看了产品,他非常兴奋,想立即将其部署到 lotus.com 网络的网关。我告诉他,'你看,你为什么不先在生产网络上试一下,学习一下规则,学习如何使用它呢,因为如果你在防火墙上部署了一套错误的规则,你就会毁掉你自己的生产。'"

　　捷邦另一位早期雇员是吉尔·大衮,一位塔皮奥特早期班毕业生。传说他一人等同于一整个程序员团队。大衮当时是现在仍然是把注意力完全集中在他最感兴趣的事情上。事实上,他放弃了许多他在捷邦的早期期权,这些期权价值达数百万美元。"别担心,"丽默尔笑道,"他还有很多。"

　　捷邦从微小的单位开始到现在已经成为一家价值 120 亿美元的公司,它是以色列最大、最成功和最受尊敬的公司之一。它仍然是业内的全球领导者,该公司拥有几项关键专利,继续塑造和重塑着在线安全。

要找到更多塔皮奥特企业成功的故事，你不必在网上找。塔皮奥特毕业生还在许多其他行业使用了塔皮奥特系统解决问题。塔皮奥特以向其学员灌输"系统方法"而闻名。针对一件事情不是采取有限的方法去做，而是从顶层来分析该情况中的所有因素，并找到一个方法来理解其整体影响，然后再制订一个计划。

和他之前的许多人一样，吉拉德·阿莫吉曾设想自己是一名作战指挥官，在成为 1984 第五期班的一员之前，对塔皮奥特持非常怀疑的态度。然而，他是个优秀的问题解决者，并且有时在没有完全掌握所有的概念的情况下，能在测试中取得优良成绩。"也许这使我与塔皮奥特十分般配，"他打趣道。

吉拉德在加入塔皮奥特前已经在学习系统方法。但他把使自己成为精通系统方法者的功劳归于塔皮奥特。"塔皮奥特教授的方式给了我一个很好的背景。后来，我靠使用那种思维方式谋得滋润的生活。"

他尽职尽责地在希伯来大学完成了他的三年塔皮奥特课程学习，专攻物理和数学，然后是去上战斗军官学校。作为戈兰旅排指挥官，他在第一次巴勒斯坦人暴动中参加过战斗，并且在黎巴嫩南部服役过一段时间。当他在演习中躺在冰冷的泥土里时，他经常环顾四周他那些年轻士兵们，暗自思忖着，"我敢打赌这些家伙当中没有一个人拥有高等物理和数学学位。"

服完兵役后,吉拉德受雇于奥巴特(Orbot),在那里他完善了一个系统,用于发现半导体上肉眼完全看不见的缺陷,为公司用户节省了数以亿计美元。半导体必须构造完美方可起作用。这些小型装置上不能有碎屑或划痕。(这就是它们的开发人员会穿着类似于在生化灾难现场工作人员身上看到的那种工装制服的原因之一)

"你要寻找可能存在的缺陷只有十分之几毫米大,"吉拉德解释道。"这就像有人要你在足球场上找到一粒盐。顺便说一下,球场上还有青草;别管那个。你需要知道它是一粒什么样的盐,你必须100%肯定它不是胡椒。"

当奥巴特在1996年被应用材料(纳斯达克股票交易代码为AMAT)以1.1亿美元收购时,吉拉德转移到了应用材料公司。在获得加州理工大学应用物理学博士学位后,他一直非常抢手,一直升至高级副总裁的位置。

他一直想创办自己的公司,但很难摆脱公司巨头。"我可以看到一个完整的问题,这是我的实力,"他反映道。最终,他对自己的问题进行了长时间的认真研究,找到了摆脱应用材料的方法。他知道多系统式管理是他成功的关键。

吉拉德于2009年创立了加州共生太阳能公司,他成功劝诱了另外两名应用材料的高管跟随他到了新公司。他说,制作太阳能板类似于制造半导体,因为每块面板都必须完美无瑕才能达到最高效率。该公司的新技术正在以其独特的太阳能板设计席卷全世界,并已经成功吸引一些大名鼎鼎的投资者,包括维诺德·科斯拉,历史上最成功的风险投资家之一。

共生太阳能公司的成功主要在于吉拉德所说的"宜家方法"。所有的原材料都运往他的工厂进行组装。他的任何材料都没有独家供应商,这样他就不会把所有鸡蛋放在一只篮子里。他的公司在加利福尼亚州赢得了几项大合同,其中包括脸书(Facebook)的新总部、索诺玛葡萄酒公司和三叶草乳品公司的项目,以及在印度的两个非常大的客户。

塔皮奥特毕业生还站在几项尚处于发展阶段的技术的前沿。在这些技术清单前列的有移动技术和自动驾驶汽车。塔皮奥特第五期毕业生伊泰·迦特是移动眼公司生产计划副总裁。2014年夏天,当以色列正在加沙打击恐怖主义时,移动眼正式成为一家上市公司,在纳斯达克的股票代码为MBLY。在其首次公开上市交易成功后的第二天,这家总部在耶路撒冷的公司的市值为76亿美元。

移动眼几乎是你的车的"第三只眼"。它可以在你即将要撞上你前面的车时提示你,如果司机反应太慢,它甚至会踩刹车。移动眼还可以对在道路上的其他碰撞威胁发出警告,包括其他车辆和行人,它通过发出警报来迅速激发司机采取行动。

移动战略是另一个吸引塔皮奥特毕业生的行业。盖·莱维-尤里斯塔毕业于第九期,拥有特拉维夫大学电气工程学位、魏茨曼研究院博士学位和宾夕法尼亚大学沃顿商学院的MBA学位。他是五项专注于编码、侦测未经授权的计算机程序和光脉冲的美国专利之父。

他毕生从事研究和开发，先是在以色列国防军，然后是在私有领域。盖·莱维-尤里斯塔致力于为美国在线（AOL）和安全软件巨头迈克菲的移动保护部门开发移动平台。他是一家名为空中巡逻（AirPatrol）公司的首席技术官，它允许在会议和其他 B2B 平台后面的人控制受邀客人在接近敏感和专有信息时使用他们移动设备的方式。它还能防范在会议附近的不速之客，让其无法访问他们智能手机上的应用程序（包括互联网、短信和照相机）。

另一名塔皮奥特毕业生取得的企业成功如此之多，以至于他的朋友们戏称他为"创意机器"。阿里尔·麦斯洛斯的想法都成为惊人的赚钱工具。1994 年从塔皮奥特毕业后，阿里尔在一个精英研究和开发部门任职一直到 2001 年。自从离开塔皮奥特，他创办并出售了两家公司。第一家是"爬塞捂"（Passave）。该公司的使命是为使用视频、语音和高速互联网线路的家庭和企业的链接更好、更快、更便宜，且更有效率。2005 年，公司收入进账速度达每年 3 000 万美元。该公司于 2006 年被博安思通信科技以 3 亿美元收购。

阿里尔的另一个巨大成功是安诺比特（Anobit），它成功地获得了六十五项全球专利。他和他的合作开发者想出了一种方法，使闪存存储设备能够保存更多信息。虽然该技术会受到科技领域的任何公司的重视，但它对移动设备市场来说是最有价值的。在受到几家大牌公司追捧之后，安诺比特在 2012 年被苹果公司以 3.9 亿美元收购。阿里尔在他的公司出售后在苹果待了很短一段时间，几个月后就离开了，想必还会再开一家新公司，也会卖出个数亿美元的价钱。

当然，金钱并非是世界上衡量成功的唯一标准。有一个早期的塔皮奥特毕业生的名字一直被世界各地的音乐爱好者所铭记。从希伯来大学的塔皮奥特课程训练毕业后，梅伊尔·沙阿书亚使用算法为以色列国防军开发了新雷达系统。他想出了一种使用算法来改善声音的方法后，在1992年与人共同创办了波声有限公司。他们的产品用于录音、混音和母版制作，并广泛应用于音乐和电影行业。

梅伊尔的公司还想出了一个办法来缓解全球数百万足球迷的紧张情绪。在2010年世界杯期间，南非体育场的球迷们都在吹呼呼塞拉，一种发出非常独特的嗡嗡声的响亮喇叭。在比赛的开幕日，据报道仅英国广播公司（BBC）就接到几百宗投诉，都乞求该广播网络做点什么。国际足联（FIFA），足球的理事机构，拒绝禁止人们在比赛时吹呼呼塞拉，因此波声介入并提供解决方案。他们为电视网络迅速开发并提供了一个特殊的插件，让他们可以使用该产品淹没掉嗡嗡声。

该公司于2011年荣膺格莱美技术奖。在洛杉矶的红地毯上，梅伊尔把他发明产品的功劳抛在一边，亲切地告诉采访者，"这是一个极大的荣誉！我只能想到波声的工作人员——那些实际做到这件事情的所有员工。"

第18章
拯救生命者

　　我们在第3章中遇见过塔皮奥特第四期班的伊莱·明茨，他职业生涯的轨迹启发了他的所有后来人。退役后，伊莱去了法国，在英士国际商学院（最大的商学研究生院之一，在世界不同地区设有分支机构）学习商学。他的妻子丽雅特是一位生物科学家，在巴黎巴斯德研究所找到一份工作，这是一个致力于研究生物学、疾病、疫苗接种和微生物的非营利基金会。"在20世纪90年代初，法国人在人类基因组研究方面甚至领先于美国人，"伊莱解释道。"当然，美国人很快就赶上来了，把法国人抛在后面。但是在那时候，法国有很多成果。我们真的是在正确的时间处在正确的地方。"

　　在英士国际商学院学习期间，他正在考虑如何利用他的算法和商务专长时，丽雅特突然有了一个想法。两人结合他们的知识，来开发一台计算机，使基因组数据挖掘更快、更可靠、更有效。

这个想法孕育了"算法检"（Compugen），首家使用先进算法进行人类基因组数据挖掘和人类基因组图谱绘制的公司。一如既往，他是与一些其他塔皮奥特毕业生，辛宏·费戈勒和阿米尔·纳坦一起组建这家公司的。（后来他们的团队增添了一位塔皮奥特人：莫尔·阿米塔伊，他后来成为"算法检"的长期首席执行官，也是塔皮奥特最辉煌的商界成功故事之一）

他们共同开发了一台能够绘制 DNA 图谱和分析 DNA 的计算机，使得默克（Merck）、辉瑞（Pfizer）、拜耳（Bayer）和礼来（Eli Lilly）制药公司的药物研究人员能够搜索遗传密码，从而开发出更有效的药物。

然而，是一名美国人的营销专长才让"算法检"上升到一个新高度。马丁·戈斯特尔是在美国长大，没太在意他的犹太传统。他就是不怎么在意它。当他去上耶鲁大学的时候，他在加州蓬勃发展的生物科技产业中职位正处在一路攀升的过程中。他担任阿尔扎（Alza）公司首席执行官时，一举成名，这是一家药物公司，生产从对抗艾滋病（AIDS）病毒到注意力缺失症（ADD）的一切药物。

在他的职业生涯开始好几年后，在一次商务旅行中，他遇到了一个年轻的以色列女人。在与她见面后不久，她就说服他去访问以色列，这改变了他的一生。他一下飞机就感觉到家了，许多非以色列犹太人都这样描述他们第一次到以色列旅行的感觉。但马丁对这种感觉采取了一些行动。他和那位年轻女子结婚了,并成为以色列商界不断涌现出的精妙创意的连环支持人。"算法检"就是吸引了马丁成为公司金融支持者和管理顾问之一的公司。

当马丁遇到伊莱和其他塔皮奥特毕业生时,他的印象非常深刻。"任何其他地方都没有像塔皮奥特的项目,"他满怀热情地说。"这个计划培养出来人的思维方式,不同于世界顶尖大学培养出来的典型人物。只要看他们是怎么走到这一步的就会明白。塔皮奥特计划是建立在为世界和自己的国家服务的愿望之上的。这要花九年时间来集中精力学习,想想吧,当你才十八岁时要花九年时间在这上面。他们在学习,他们在发展,并把他们的知识应用到真正的问题上去,他们的兄弟、姐妹、表兄弟姐妹和父母的生命可能取决于他们是否做得正确或错误。你永远都可以信赖这里的技术。营销? 他们不懂。但是讲到技术,塔皮奥特教会他们成为最好的。"

马丁被"算法检"的一些更大的投资者聘请来对公司实行"商业化",他于"算法检"在纳斯达克上市且股价上升后不久,带领公司实现重大转变。

他立即意识到"算法检"对市场上最好的产品定价过低。他们的电脑比竞争对手卖 120 万美元的产品要好得多。"算法检"的版本仅售 3 万美元。具有讽刺意味的是,"算法检"计算机的高质量导致了其销售额下降。"他们那么好、那么快,没有人再需要另一台。"马丁回忆道。

他开始坚信,"算法检"需要将自己从一家电脑公司转向重新定位为一家生命科学公司。然而，他改变公司重心的想法很快就导致了公司创始人离职。

原来的塔皮奥特团队与企业界的传统智慧也有意见分歧。在马丁领导他们四个人的时候——他称他们为"孩子"。从与世界上最大的制药公司一次又一次的会议来看，他明显看出他们是正确的，并且其他人都是错误的。"我很快意识到，房间里的这些孩子，'算法检'的那些家伙，在生物和生命构造方面比世界上任何人懂的都要多。我们走访了几家重要的制药公司，他们会说：'你们是优秀的数学家，但你们的理论不可能是正确的。'他们无法摆脱他们的生物中心教条：一个基因、一个转录、一个蛋白质。所以我们回来建立了一个生物实验室来测试我们在电脑里发现的预测。我们发现他们是正确的。在过去的几年里，我们稳扎稳打地把自己转变成为一家生命科学公司。我们雇用了更多的生物学家，我们增加了在实验室工作和研究方面的投资。"

实质上，马丁和"算法检"新一拨高管使该公司走上了有机会吸引新客户的新轨道。第二代管理层也是由塔皮奥特提供的。马丁带着敬意回忆说。"这是他们的思维方式，"马丁说，"对于塔皮奥特毕业生来说考虑问题的方式就是先确定问题，然后再去刨根究底。"

带着他特有的能量、天赋和自豪感，马丁说道，以色列（很大程度上归功于塔皮奥特和"算法检"）是算法领域的世界领先者。"没有人比它做得更好。以色列应该成为这种技术的中心。它在算法和生物两个领域中都是最好的。过去几年的七位诺贝尔生命科学奖得主中有三位是以色列人。他们不应在斯德哥尔摩颁发诺贝尔奖，他们应该到耶路撒冷或特拉维夫来颁发。"

马丁偶尔被指责为过于迷恋塔皮奥特，以至于在销售过程中令"算法检"的高管感到尴尬。一位前"算法检"的高管记得他特别尴尬。他会对他的朋友说："我周游世界，在以色列以外无人问关于塔皮奥特的事情。即使在以色列境内，也是非常罕见的，因为人们不了解它。马丁却会向大家发表一通关于塔皮奥特的热情洋溢的演讲，我只好坐在那里，而制药公司的高管们会瞪着眼看着。这很糟糕……但他是个很好的推销员。"

虽然创始人伊莱·明茨和马丁·戈斯特尔在业务上合不来，但在他们高调的"算法检"分裂后的几年里，他们有的只是互相赞美。伊莱回忆起成功的种子投资人乔纳森·梅德韦德投入资金的事，"但他对'算法检'最重要的贡献是他给我们介绍了马丁。"伊莱继续说，"我们遇到他是三生有幸。他在造就今天的'算法检'过程当中发挥了重要作用。马丁·戈斯特尔的加入为公司增加了巨大优势，因为他的业务经验、他的人脉、他的融资能力、他的战略意识和他通过阿尔扎的经验对生物技术界的理解。我们真的是在公司里没有任何人有生物技术经验的情况下，开始进入生物技术行业的。他是一个极好的引导人。"

当听到伊莱的赞美时，马丁真实地受到了感动："我还从来不知道他有那样的感受呢。"

正如马丁被带来以色列是机缘巧合一样，一个偶然事件改变了塔皮奥特第十一期学员盖·什纳尔的未来。在加入塔皮奥特之前，他的最终目标是成为空军飞行员或海军突击队员，他希望继续朝那个方向前进。但是在基本训练中，他的一只眼睛在实弹演习中被弹片击中。听说他的视力会永久受损后，他突然意识到他的战斗服役的梦想已经破灭。

但在走完一段漫长而艰难的路程之后，他绰有余力地弥补了它。他在希伯来大学第一年的塔皮奥特学习，是极具挑战性的，但他最终爱上了科学。"我知道这是我一生都想做的事。"

毕业后，他进入了研究和发展领域，起初是在以色列军械部队，然后在情报部队。尽管他仍然觉得自己在研究开发新系统时失去了参加战斗的机会，但他开始意识到，他对以色列的国防所做的贡献是重要的，且将是持久的。"这就是生活，"他想了一下说，"你选择了一件事，就要放弃其他的。总会有利弊。"

从开始在军队服役至退伍，历时十载，接着去了法国读商学院。就在此时，盖·什纳尔开始越来越多地思考以色列日益成长的医疗器械领域。就在刚返回以色列时，盖成为第一个受雇于 X 技术公司（X-Technologies）的人，这家公司是为开发和销售心脏病患者用的导管技术而成立的。它专门开发心脏外科手术医生用来拓宽阻塞的动脉血管的球囊。一个气球放入到患者体内并充气，让血液更好地流动。

X 技术公司成立四年后,被总部在印第安纳波利斯的佳腾公司(Guidant)以 6 000 万美元的现金收购,达到设定的销售指标后,将额外追加 1 亿美元。据说佳腾公司同意积极推广 X 技术的产品。交易结束三年后,佳腾公司成了包括强生(Johnson and Johnson)、波士顿科学(Boston Scientific)和雅培实验室(Abbott Labs)在内的几家主要企业巨头的买断目标。最终,由雅培实验室资助的波士顿科学赢得了这场漫长收购战。

尽管佳腾承诺宣传和推广 X 技术的产品且有明确保证,但该公司却转而关注其他概念,而将 X 技术搁置在一边。盖·什纳尔、X 技术的创始人和顶级投资者起诉佳腾未能恰当地开展营销和完成销售目标。最后,此案了结,留给盖·什纳尔和其他原告的金额比原来的 1.6 亿美元的销售数字相差少许,但仍然很可观。

当时,佳腾对 X 技术的收购是以色列医疗器械公司中首批大规模收购案例之一。这一交易向世界发出信号,表明以色列公司和技术登上了全球商业舞台。

盖在继续担任过其他几家以色列医疗器械公司的董事后,与他人共同创立了一家名为“标枪”的医疗公司并担任首席技术官。“标枪”的目的是防止高风险人群中风,特别是心房纤维性颤动患者,一种常见的心律失常(涉及心脏跳动不规则)。盖解释说:“目前还没有治疗中风的好方法,预防是正确的策略。”“标枪”目前正在动物身上测试它的技术,希望不久就能进入人体试验。

像许多塔皮奥特毕业生一样，盖说他之所以被吸引到医疗器械领域，是因为它要求精通各种学科：技术、医学、临床试验设计、统计学、质量保证以及法规和知识产权，这只是顺便举几个例子。对于塔皮奥特人来说，这是天作之合。盖指出："经历过塔皮奥特训练的人有一个真正的竞争优势，可以从各种不同的角度同时解决几个问题。""我们接受使用系统方法的教育多年，这正是医疗器械行业所需的技能组合。"盖认为，塔皮奥特在他生命中，对他的成长有深远影响的事情；没有其他事情对他有更大的影响。

所有塔皮奥特的创造力和智慧都被一位有进取心的以色列商业巨头尤西·格罗斯加以利用。虽然他自己是在塔皮奥特诞生之前服的兵役，但他在医疗设备技术领域的企业家精神吸引了一群令人满意的塔皮奥特毕业生骨干。这是个新兴领域，只有想不到，没有做不到的事情。

尤西的个人历史包括空气动力学工程以及有一段时间担任以色列空军的狮式战斗机的主要工程师之一。他之所以离开这个职位，是因为他觉得一家大公司的大型项目上的官僚作风使他的创造力枯竭。不久之后，他的妻子抱怨说她的电动剃毛器不能正常工作。尤西远不止是修复了它，他还把它转化为一个产品，最终成为世界领先的品牌——"雷明顿夫人丝滑"电动剃毛器。

然而，尤西很快就对消费电子业务感到厌烦。"一个月前,我还在为以色列空军开发喷气机。接下来,我就在做女士用的剃毛器。我从高科技到低技术,很令人沮丧。"

他当时并不知道,他即将有机会进入一个突破性的高科技领域,并且与以色列和世界的一些头脑最聪明的人合作。在与雷明顿分离后不久,他遇到另一位以色列企业家,他有个开发一种微型泵来输送药品的想法。"当时我对此一无所知,但我告诉他我能做到。"不久之后,他把这个想法和他的设计带到了爱尔兰生物科技公司,伊兰(Elan)。他们投资了药品泵,给了尤西种子资金,让他在生物医学工程的新世界中发展自己的概念和企业。

尤西·格罗斯现今名下拥有600项专利,并在生物医学工程领域创办了十几家公司。他以瑞博医疗(Rainbow Medical)的名义把大多数公司组织成瑞博医疗器械集团,它也作为其拥有的公司及技术的投资部门。瑞博旗下有家公司专门开发微创植入物,旨在帮助心脏更好地工作。他的另一家公司采用超声波有效减少脂肪,减少了对昂贵而又需要长时间恢复的抽脂程序手术的需求。

从一开始,尤西就一直面向塔皮奥特来招聘他控制下的公司的员工。在以色列的医疗设备行业,塔皮奥特毕业生有明显优势,因为他们具备工程方面的高效率以及纳入整合新技术和新概念的能力。他们也非常受人尊敬,因为他们可以同时理解和管理一个项目的几个不同部分——从机械到技术,到医学领域,再到软件生产。

尤西名下一家公司纳米视网膜（Nano-Retina）的首席执行官是哈阿南·格芬，毕业于塔皮奥特第三期。该公司正在研究一种微型人工视网膜，以帮助那些失去视力或正在失明的患者再次看见光明。目前，人工视网膜的主要适用对象是患有老年性黄斑退化症的患者。随着产品的逐步完善，试验测试仍在继续。

哈阿南在他的职业生涯中大部分时间都在为以色列国防军开发更好的通信技术和海军系统。经过了二十多年后，是他该离开的时候了。因为他是一个创造性的创新者，有管理大型、多方面项目的经验，许多大门都向他敞开着。回首过去，哈阿南懂得影响他选择的价值观。"我在军队服役的二十三年里没有浪费一分钟，我不想在私有领域浪费我的时间。那是肯定的。我在这里做的工作很有意义。帮助人类对于我来说非常重要。"

他走到了一个人生阶段，能够在仍处于初创阶段的领域里经营一家公司，这个领域渴望创新性理念，他认为这归功于塔皮奥特。"塔皮奥特塑造了今天的我：它教会了我如何创新，并有信心利用那种创新的驱动力。"

一家名叫第二视觉医疗器材（Second Sight Medical Products）的加利福尼亚公司已经证明，哈阿南已经踏上了一个成长性领域，并步入正轨。他们有一款产品类似于纳米视网膜（Nano-Retina）公司正在开发的人工视网膜，它已被植入了几个患者。哈阿南正在密切关注着第二视觉的发展。"他们是竞争对手，但我们支持他们。他们和我们一样，已经证明了这种技术是有效的。这种技术,还需要更新并做得更好,它是有效果。"

哈阿南在纳米视网膜公司首批雇用的员工之一是另一位塔皮奥特毕业生,第十六期班的科比·卡米尼兹。我们在 12 章遇到过他,他为以色列的卫星研制相机和电光技术。科比指出,尽管公司的名称是纳米视网膜,该公司还不算在研究纳米技术。这些组件是小到令人难以置信的程度,但还没有小到可称为纳米技术的程度。利用他在军队的经验,他在哈阿南开发的人工视网膜,使用的技术有许多与以色列情报空间卫星群使用的技术相同。"我们的目标是使用一个不到五毫米大的芯片,就像手机的数码相机插槽中使用的芯片。一边是透镜,在另一侧是一系列的脉冲,发送信号到视网膜。它复制了人眼中的光感受器、视杆细胞和视锥细胞,"他解释道。

瑞博医疗旗下的另一家有创造力的公司是"迈克西棱特"。专门制造微创的牙科植入物;它的顶级产品是一种实施窦底提升(sinus lift)手术的创新方式,这种手术将增加上颌区的骨量。

吉迪恩·佛斯蒂克是"迈克西棱特"的首席执行官。吉迪恩的祖父于 1939 年第二次世界大战和大屠杀刚开始时离开白俄罗斯。他记得他祖父告诉他,他在欧洲逃脱了可怕的种族大屠杀。他的祖母是波兰人,在大屠杀中失去了全家人。他家族的命运是让吉迪恩渴望把他的生命中的十年献给塔皮奥特、军队和他的国家的原因之一。

吉迪恩第一次听说塔皮奥特是在特拉维夫上高中的时

候——他知道自己想加入。1988年，他进入了塔皮奥特第十期。从该项目的学术部分毕业后，他掌握了物理学和工程学并获得了这两个领域的学位，然后转到一个军事情报技术单位。他很快成为一个研究和发展的领导者并协助部门领导工作，他同时在几个先进的军事项目上工作，它们大部分至今仍然是保密的。

他因从事多学科系统工作而被授予以色列的最高荣誉之一，以色列国防奖。虽然该项目的所有细节尚未公布，但吉迪恩的工作与为侦测敌方导弹和地面部队的进攻行动而设计的先进警报系统有关。该系统结合使用计算机科学、物理学和电子学，为以色列国防军提供比以往任何时候都更多的有关敌人进攻威胁的警告。他的工作正好展示了塔皮奥特的目标。

"迈克西棱特"平均每年的增长率为15%，他把他的管理技能归功于塔皮奥特和他的情报部门工作经验。吉迪恩说，塔皮奥特和军事情报部队都教他以不同的方式思考问题。"塔皮奥特反复向你灌输系统方法，系统方法，系统方法。"

显然，着重点从未改变。几年前，吉迪恩回到塔皮奥特参加团聚，当时塔皮奥特的一个班级表演幽默小品："其关键的妙语"一直是"系统方法"。吉迪恩回忆说："在一个短剧中，几个学生在舞台上表演了一个戏剧性场面。他们要离开房间，门却开不了。它似乎卡住了，所以第一个学生对着门又拉又锤；另一个学生则试图用力强迫打开它；第三个学生从各个角度去看那扇门，从上到下，从左到右地看了几分钟。另外两个人问他在做什么。'系统方法'，他若有所思地回答。然后他去开门锁,很容易就开了。相信我吧,很有趣的。”

吉迪恩打电话给基文影像,一家以色列制药公司,它是一个公司使用系统方法的极佳例子。该公司最著名之处就是设计了一个内置相机的药丸,它能够在排出人体系统前给患者的胃拍照。“这个想法来自一个在拉斐尔开发制导导弹的团队。他们知道如何把东西做小。他们懂得光学,然后他们想出新的东西。这是系统方法的一个典型例子,把所有我们已经知道的东西放在一起,并将它用于一个新的目的。”

已故的史蒂夫·乔布斯,他创立了并经营过苹果公司,当然,他没加入过以色列国防军,而且很可能从来没有听说过塔皮奥特。但是吉迪恩说:“乔布斯可能是世界上最佳的系统人。从用户界面到专利,再到营销和公共关系,他总能看清大局。他几乎独自重新定义了音乐产业。他可以从更广的角度来看待一个问题,并且创造新的想法来解决它。”

吉迪恩指出塔皮奥特人的另一个共同特点:真心钦佩对方的聪明才智和成就。“有一个来自塔皮奥特第五期班的优秀毕业生。他热爱他的工作,热爱研究和发展,他对我的生活和事业有很大帮助。当我想明白了他不能够想明白的问题时,他绝对珍惜那些时刻。我们曾经做过一个涉及光学的项目,工程师们一直看到条纹。他们无法辨别出原因。我终于想到这与湿气有关。那是我见过他最幸福的时刻!这是使塔皮奥特圈如此成功的一个很重要的原因:相互帮助和协作的愿望,而不担心谁会获得荣誉。”

第*19*章
校友团聚！

在这本书中，我们遇到了数十名年轻的塔皮奥特军校学员，生活围绕着他们在塔皮奥特和以色列军队中的经历运行的青年男女。他们受过良好教育并且充满信心，渴望着帮助以色列进步；退伍后，他们对自己的职业前景很乐观。他们现在都怎么样了？他们今天在哪里？

想象一下满屋子里都是塔皮奥特毕业生，一个二十几个班级的毕业生重聚的情景。他们现在都是经验丰富的退伍军人，他们的生活多姿多彩。有些人将简要地提及他们退役之后开始的生活经历，或告诉我们他们目前的工作场所；其他人将会讲述关于企业和冒险的漫长故事。

欧佛尔·亚龙，塔皮奥特第 2 期

我们在第 4 章遇到过欧佛尔，当时以色列国防军和国防部

请他出任塔皮奥特领导。这是塔皮奥特毕业生首次被选拔出任这个职位。从 1985 年的塔皮奥特第七期班开始，他大致模仿美国的常春藤联盟学校的成功路线，树立了一种传统意识。他还督促塔皮奥特增加女学员的招募人数。

他目前生活在比利时，他在那里担任欧洲技术公司的顾问，并在根特大学任教，但他计划回以色列生活。根特大学在比利时是一个主要讲佛兰芒语的区域。他的同事们恳求他学习这门语言，但他开玩笑地回答说："我已经在说一种少于 1 000 万人讲的语言（希伯来语）；我得是疯子才会去学习另一种。"

奥佛尔·肯洛特，塔皮奥特第 2 期

奥佛尔是首批获得作战情报任务的塔皮奥特毕业生之一。在帮助驻扎在西奈半岛的部队配备先进的远程智能设备武装后（1982），他在美国新泽西州肯顿县美国无线电公司（RCA）度过一段时间。当时，该公司与以色列国防军签订了合同。当他回到以色列时，他又一次成为先驱，成为首批带领塔皮奥特学员的塔皮奥特毕业生之一。像他的同学欧佛尔·亚龙一样，他树立了一个成功榜样，向军队证明，让塔皮奥特毕业生担任塔皮奥特军校的指挥官是更好的选择。

波阿兹·利频，塔皮奥特第 2 期

当波阿兹成为塔皮奥特第二期成员时，这个计划仍然是秘密和实验性的。在服完兵役之后，他到电信行业的私有企业建

立了成功的职业生涯。他做了大量与非对称数字用户线路（ASDL）和其他类型的利用更高带宽来快速传输信息的通信相关的工作。

吉拉德·莱德勒，塔皮奥特第 3 期

作为一个真正的全球冒险家，吉拉德对商业有很灵敏的嗅觉。他不是你所了解的典型塔皮奥特学生。他吐露说，他可能是该计划历史上最不情愿的学员之一。当他成为塔皮奥特招募考虑对象时，他的父亲，一名工程师，告诉他这是浪费时间："你到底要拿物理和数学来做什么？这里面没有职业。"此外，当塔皮奥特的招聘人员告诉他，他们会"教他思考"时，他嘲笑他们。然而，当吉拉德完成他在塔皮奥特三年的学习时，他更加尊重它的方法和目标。

当我们在第 10 章遇到吉拉德时，他加入了海军，成为导弹舰上服役的首批塔皮奥特批作战军官之一。在他的以色列国防军的研究和发展生涯中，他的大部分时间致力于开发反舰雷达，帮助以色列欺骗敌方探测系统。

吉拉德利用他在海军和塔皮奥特的经验，拥有一个与任何一个从事该项目毕业的人相比都最多样化和最危险的职业。在日本做过一段时间项目工作后，他回到了以色列，在那里他爱上了一个葡萄牙驻以色列商务处的女人。在某个阶段，以色列面临持续不断的战争和恐怖主义威胁对她来说太难以承受了，她想带着四个孩子移居葡萄牙。吉拉德总是喜欢旅行和体

验新文化,所以他们就去了。

　　这是个错误选择,他发现葡萄牙是个绝对糟糕的地方。商业环境不友好,并且几乎没有企业家精神,与以色列截然相反。他虽然有想法,但在那里投资或创办一家公司会有很多障碍,他放弃了。他报告说:"在葡萄牙,你不能解雇任何人。你不能够去创造或创新。这个国家几乎没有人真的想工作。你没有办法以这样的方式来管理一个国家,然后希望它能向前进步;它将不可避免地落在后面。2008 年爆发的经济危机证明了这一点。"

　　他离开葡萄牙的契机是他岳父与非洲的业务往来促成的。蹂躏了安哥拉将近三十年的可怕、残酷的内战刚刚结束。安哥拉几百年来一直是葡萄牙的殖民地。好坏姑且不论,这些关系创造了成熟的商业机会。

　　吉拉德的岳父想把以色列的技术卖给安哥拉,这个国家的有形基础设施很少,几乎没有技术基础设施。安哥拉人想赶上现代世界:他们需要电话线,蜂窝网络,卫星技术和互联网,这些都是以色列擅长的领域。

　　因此在 2004 年,吉拉德举家移居到南非的开普敦。安哥拉当时仍然是一个太危险的地方,无法让他的家人搬到那里去。"我是喜欢冒险且胃口大,但不至于天真和愚蠢,"他打趣道。在开普敦安置好他的妻子和孩子后,他开始定期前往北部 1 700 英里以外的安哥拉的罗安达这个地方。一周有几十个航班,这使得旅行相对容易,即使是按西方的标准也是如此。即使通勤也可以忍受,吉拉德说道,"那就像生活在天堂,但工作在地狱。"

一天,他和他的妻子在开普敦郊外开着一辆吉普车,走在那被称为灌木的未铺砌的乡间道路上。他们撞到了一个巨大的凸块。"我们离开市区有三个小时了。我妻子开始对我大吼大叫,但当她意识到我不在她身边的时候,她停了下来。我已经头朝前被甩了出去。"他摔断了锁骨,折断了十根肋骨。花了十三个小时才送达医院。到达那里时,他的左肺已经塌陷,他遭受了脑震荡,一时清醒一时昏迷。"我在重症监护病房待了十天,然后在医院里躺了三周。为了重新扩张肺泡,你需要常咳嗽。但我在安哥拉还有生意要做!我问医生我还能做什么。她说:'反复上下跑楼梯。'不久,医院里的每个人都在谈论那位疯狂的以色列人,他的胳膊上插个吊针在楼梯跑上跑下。但它奏效了。医生说她从未见过有肺部塌陷患者恢复得如此迅速。我在塔皮奥特和以色列军队受过的训练,教会了我做到这种事情的献身精神。"

吉拉德承认自己是个冒险者,他说,行事谨慎的人永远不会尝试在安哥拉做生意。犯罪和安全仍然是继续存在的问题,你永远不知道你究竟在和谁打交道。"你得几乎有第六感才行,"他眨了眨眼说道。在安哥拉的商务旅行人员住宿条件距离理想水平相差甚远。"请注意,我在以色列睡过免费的泥土,"他解释说,"我当然愿意为数百万美元而与蟑螂和上帝才知道是什么的东西一起睡非洲的泥土。我不能说我喜欢在那里,但那些不便之处不足以阻止我。"

他勤奋地进口和销售互联网容量和存储解决方案。"业务呈两位数增长,"他回忆道,"但那里有很多腐败和许多苦难。真是令人心碎。到头来,我是个销售所有从铜线到网络设备到数据存储系统的东西的中间商。我不喜欢干这个,甚至片刻都没有喜欢过,但我从未真的感觉到我有危险。我很高兴地永别了安哥拉。"

在几乎不可能的条件下工作,为他几年以后执行另一项艰难的任务做好了资金准备。虽然吉拉德既不确认也不否认,但据说在利比亚与西方达成协议,放弃大规模杀伤性武器后不久,他差一点就与穆阿迈尔·卡扎菲签订在利比亚修建度假胜地的协议。这笔交易从未完全实现,利比亚领导人在 2011 年的"阿拉伯之春"中遭到暴力废黜,并且被处死。

在以色列国防公司埃尔比特短暂工作之后,吉拉德去了法国商学院,英士国际商学院学习。这让他能够做最适合他做的事情:吉拉德现在是那些希望把好的概念和好的公司进行配对的私人和企业投资者之间的媒人。他自称是"投资银行家和侦察兵之间的谋介。""我可以看材料,分析它,并迅速决定其中是否有质量和价值。这就是我最擅长的。"他为自己工作——正是他的塔皮奥特精神和满是英士国际商学院的通话录给他带来了生意、新想法和新的联系。他从不推销他不会去亲自投资的交易。"在我的生意当中,你的名声就是一切。"

吉拉德还与其他几位塔皮奥特毕业生一起组建了 OTM 技

术公司，该公司处在制造手写设备的前沿，让用户能够在手机和平板上用手写笔记或信息。他的设备被称为"羽毛"。

阿米尔·佩莱格，塔皮奥特第 5 期

阿米尔在 20 世纪 80 年代末和 90 年代早期的工作主要是在以色列迅速发展的无人飞行器（UAV）计划领域。以色列现在是世界领先的无人机和无人机零部件出口商。他通过塔皮奥特在该计划中所做的工作，为此打下了基础。

他接着成为一个连环创业家，创办了三家公司，其中包括"呀数据"，他把它卖给了微软。他创办了名叫塔卡嘟（详见第 16 章）的水安全公司并且目前是该公司的首席执行官，公司总部设在工业重镇耶胡德。该公司在世界各地都有客户，包括伦敦、智利和以色列的市政供水系统。

埃威亚塔·玛塔尼亚，塔皮奥特第 6 期

作为以色列国防部的传奇人物，埃威亚塔后来被称为"塔皮奥特的右手"。他是拿顺（Nachshon）的创办人，这是个已经为塔皮奥特输送了数名学员的高中项目。目前，埃威亚塔是以色列网络防卫领域的最高指挥官，直接向内塔尼亚胡总理汇报。

兹维卡·迪亚门特，塔皮奥特第 6 期

我们在第 11 章中遇到过兹维卡，一位代表以色列空军在埃利斯拉（Elisra）公司工作的勇敢年轻人，他在这家国防公司

里与工程师共事多年。退役后,他接着在两家塔皮奥特毕业生创办的成功创业公司工作。他目前在埃米尔·皮莱格的塔卡嘟公司,与其他塔皮奥特毕业生哈盖·斯克尼科夫、巴拉克·佩莱格和尤里·巴尔凯一起工作。他的工作涉及设计和测试跟踪城市水流的系统。

马坦·阿哈兹,塔皮奥特第 10 期

作为一个生活在日本的少年,马坦开发了革命性的软件,使人能够从世界的一端到另一个进行即时金融交易。在塔皮奥特和军队服役之后,他走的路线与大多数毕业生不同。他去了好莱坞。

马坦利用他在一支精英军事情报部队学习到的数学软件开发技能,制作了一个称为的 audish.com 网站,本质上是一个在线演员角色分配代理。其目标很简单:在线把导演和电影制片人与男女演员进行搭配,消除一些中间商。当马坦没有开发该网站时,他是在圣塔莫妮卡的一家名叫瑟森特有限责任公司的精品天使资本风险投资公司,任董事总经理。瑟森特称自己为通向拥有全世界范围内巨大创收潜力的创新技术的那些初创公司的"全球门户"。换句话说,他说道"我们喜欢帮助人们把他们的梦想变成现实,我们认识有人脉关系的人。"

欧非尔·卡-奥兹,塔皮奥特第 13 期

欧非尔在 8200 部队发现了他的理想位置,开发用于检索存储在以色列军用机器的计算机服务器上的数据的软件。从

8200 退役之后,他创办了一家名叫云分享的公司,为世界各地的大型企业客户做类似的事情。他解释说,服务器基地在迈阿密,"因为,上帝保佑,如果他们设在以色列,你永远无法吸引客户。你能说什么? '不用担心,即使在恐怖分子的导弹射程之内,你的数据也是安全的。'"

从那里他又去了捷邦,然后去了易安信(EMC),它是全球领先的信息基础架构解决方案公司之一。他最新的工作变化把他带到了位于加州山景的谷歌公司。他希望在未来几年内返回以色列。

奥菲尔·祖哈尔,塔皮奥特第 14 期

奥菲尔曾在以色列国防军的一支技术部队服役,后来成为塔皮奥特最富有的毕业生之一。与同学们一起,他开发了 XIV(以他们著名的塔皮奥特第 14 期命名),一个吸引了 IBM 高级管理人员的眼球的高端数据存储系统;然后,它抓住了他们的支票簿。IBM 在 2008 年以 3 亿美元收购了 XIV。这在当时是以色列公司有史以来规模最大的一次收购。

巴拉克·本-埃利埃泽尔,塔皮奥特第 14 期

巴拉克在世俗以色列人中是罕见的。他在耶路撒冷的旧城里长大。他的家人于 1967 年"六日战争"之后搬到了那里,因为他们认为居住在犹太人曾经被迫离开的区域是他们的爱国义务。事有巧合,他十五岁时搬到了耶路撒冷的塔皮奥特社区,这是西耶路撒冷的一部分,比老城更现代化。

巴拉克退役后没有去争取赚大钱，而是加入了以色列的国家警察部队。他认为犯罪和腐败，以及对国家法律和机构缺乏尊重，是国家面临的最大威胁；大于以色列外部敌人的威胁，比伊朗的威胁更大。

巴拉克没有成为巡警或交通警察。他的目标是开发软件，使以色列过时的记录方式更现代化。他在警察部队工作了五年，更新了系统，使以色列警察更有效率。而他开启的服务传统得到了保持。他离开警队后，另外两名塔皮奥特毕业生又加入了他开启的尝试。

萨尔·科恩，塔皮奥特第 15 期

萨尔从未想用他的塔皮奥特背景来赚上几百万。相反，他的目标是做出重大贡献，即使它意味着在一个较小的环境里工作。他拒绝了在捷邦的一个超级赚钱的工作机会，说该公司对他来说太大了。塔皮奥特网络招募他的努力一直失败，直到萨尔接受了易安信（EMC）在贝尔谢巴的工作机会。他一直是易安信的恢复点产品开发中的关键角色，这是一个用于灾难或者是大规模的硬件和软件故障之后找回丢失数据的程序。

埃里克·泽尼亚克，塔皮奥特第 15 期

我们接触过埃里克，他开始是个不惜一切代价想成为一名飞行员的塔皮奥特毕业生，后来他在预备役部队发挥积极作用，训练飞行员缠斗技巧。离开军队后，他创立了 Metacafe，一家早期的视频分享网站。从本质上讲，这是一个质量更高的

You Tube 版本,有专业制作的视频和基于互联网的电视节目。他成功地从硅谷两家大名鼎鼎的风险投资公司,红点风险投资(Redpoint Venturse)和基准投资(Benchmark),获得了 300 万美元的融资。埃里克以 250 万美元出售了他的股份。

目前,他从自己创立的第二家公司超音速广告(Supersonic Ads)所在办公楼的第十一层的办公室里,俯瞰着蔚蓝的地中海。景色令人惊叹,他的办公室却很随意;你会预料到一位由受过良好教育的战斗机飞行员转变成互联网公司高管的办公室就会是这个样子。办公室里有一个大型大白鲨解剖模型、一把电吉他,几条牛仔裤和几双运动鞋被随意地抛在房间里,还有一件沉重的绿色大衣和美国国家足球队球衣。超音速广告是全球领先的在线视频游戏广告、社交网络和直效广告平台。该公司还通过虚拟货币赚钱。它是脸书(Facebook)上曾经流行的农场经营(Farmville)游戏的关键组成部分。你任何时候想买东西来在游戏中使用,你就要通过超音速广告把你的真币变成农场元。该公司的广告在全球范围内可影响 5 亿社交游戏玩家。

在他的业余时间里——他并没有多少,埃里克找到了一种创造性方式来组织每年几场塔皮奥特校友活动。毕业生们向他们的塔皮奥特同仁发表演讲,介绍他们在私有领域已开发或正在开发的新技术。毕业生们将它用作系列持续教育系列课程。

阿米尔·施拉赫特，塔皮奥特第 16 期

阿米尔是几位非正式塔皮奥特历史学家之一，塔皮奥特最受欢迎的毕业生之一。从塔皮奥特毕业后，他试图成为一名战斗机飞行员，但没有能够真正如愿。他受邀去直升机飞行员训练学校，但他拒绝说："我无意冒犯许多做直升机飞行员的朋友。但对我来说，要么是战斗机飞行员，要么拉倒。"

在军队研究和发展部门服完十一年兵役并担任塔皮奥特指挥官后，他被哈佛、沃顿商学院、麻省理工学院、哥伦比亚商学院和英士国际商学院录取。他选择了总部位于巴黎的英士国际商学院，担心美国的学校只会通向美国的企业机构这一条路。阿米尔不想住在国外，他想帮助发展在以色列的企业。

他毕业后首先在麦肯锡公司担任顾问，随后在以色列最大的银行——工人银行（Bank Hapoalim）担任首席执行官的直接助理，相当于公司的参谋长。阿米尔随后将他的银行业务经验带到全球电子商务世界，创立了"全球 E"（Global E），旨在使国际银行业务比以往更容易和更有效率。

亚当·卡利夫，塔皮奥特第 18 期

亚当出生于阿根廷，从塔皮奥特毕业后在以色列情报部队的一个技术单位服役。在以色列军队当了九年的软件战士之后，他把自己的技能带到了私营领域。

在开发了旨在使个人移动设备与工作场所的所有平台兼容的软件，为广大企业节省了数以十亿美元计的硬件成本之

后,他开始在一家名叫"屏创新"(Screenovate)的新公司工作。英特尔是该公司早期的资金后盾;技术巨头英伟达和三星也签署了合作协议。"屏创新"允许任何智能手机将你的电视变成智能电视。"屏创新"用户只需简单地点击一下,即可把他们移动设备上的任何东西,放到一个大屏幕电视上去。它是非常好的工作演示工具,你可以在你手机上编程或保存演示文稿,然后把它显示在大屏幕上,让所有参加会议的人看见。该公司还销售汽车公司的仪表板显示器,游戏公司和家庭娱乐用产品。亚当还利用他的编程技巧来提供公共知识工作坊,一个免费的在线数据库,使以色列公众能够看到政府把钱花在哪里,以及有关以色列议会的其他重要事实和数字。

玛丽娜·甘德琳,塔皮奥特第 26 期

玛丽娜是塔皮奥特招募的少数几名女学员之一,她是在特别严格的部队吉瓦提步兵旅接受军事训练的。在接受完塔皮奥特基础训练和教育(主要是物理、数学和计算机科学)之后,她花了大量时间在奥菲克(Ofek)卫星项目上。

在研究和开发工作期间,她也成为塔皮奥特招聘系统的重要组成部分。今天,她穿梭在国际场合,就妇女在以色列国防军中的重要性以及以色列国防军中两性平等问题,对妇女团体做报告。

伊扎克·本-以色列

伊扎克将军虽非塔皮奥特毕业生,本书在第 7 章把他作为

受到嘉奖的塔皮奥特模范做过特别介绍。他从担任以色列空军情报和武器发展部门的高级职位,到领导 MAFAT 并负责塔皮奥特计划。除了他的军事成就外,他还成为以色列商界高度重视的人才。他曾是该国最大、最多产的国防承包商(以及以色列无人驾驶飞机项目的领导者)以色列航空工业公司的董事会成员。伊扎克还在世界最大的仿制药制造商梯瓦制药(Teva)的顾问委员会任职。梯瓦和以色列航空工业公司是以色列的两大最大的雇主。这位将军是第十七届以色列议会的成员,在阿里尔·沙龙和埃胡德·奥尔默特的前进党内十分活跃。

尤西·阿扎尔,塔皮奥特第 3 期

在这次聚会上,还有一位我们以前没遇到过的塔皮奥特毕业生。尤西·阿扎尔又高又瘦,看起来一点也不像个勇士。但他怎么看都像是个"数学奥林匹克"(伦敦一等奖)比赛优胜者和特拉维夫大学著名计算机科学系的主任。

尤西于 1981 年被招募进塔皮奥特第三期,他不是个典型的士兵,甚至不是个典型的塔皮奥特士兵。他说:"塔皮奥特改变了我的个性,学会了属于一个群体。这是一种很棒的感觉,我变得更适应团队。"

他对严酷的基础训练有些不适应。由于他患有哮喘病,经以色列国防军医生筛选后,派他参加比其他塔皮奥特学员所接受的强度较低的训练课程。尤西面带微笑,解释了他是如何击

败这个系统的。"我找了一个医疗委员会，恳求他们把我从哮喘名单上拿下来，这样我就可以参加标准的基本训练。三十年后回顾这一切，不太容易理解我当初为什么要这么做。但我那时十八岁，很有动力成为团队的一员。其他人认为我要求参加更严格的训练是疯狂的做法。它对我来说很困难，但我还是通过了。"

据这位教授说，在塔皮奥特人眼中，以色列有足够的战士和足够的学者和工程师。"他们需要的是像我们这样的人，可以跨越两个世界，理解两个世界，并连接两个世界。"

他指出，以色列国防军正变得越来越条块化。塔皮奥特的创始人是第一个看到这一趋势的人，并意识到为它培养合适领导者的重要性。在十八岁的时候，他不明白它的必要性，但回过头来看，他说："我错了。以色列国防军远远走在我前面。塔皮奥特能够在新的结构中成为一个新的和必要的领导者。"然而，即使到了他即将从该项目毕业的时候，在以色列国防军里的一些分散注意力的高官仍然会说，该项目成本太昂贵且没有必要。

毕业后，尤西被指派遣到一个情报部门工作。用数学和计算机来解决问题，从一开始就是他的目标。"我一直觉得，我当时在做的是很重要的工作，尽管它是学术工作。"他证实道。即使事情已过去了二十五年，他还是不愿谈论他为这个部门所做的大部分工作。

他在同一个情报部门遇到了他未来的妻子。两人后来搬到了加利福尼亚,尤西在斯坦福大学学习。他们后来搬到华盛顿的雷蒙德,尤西在那里为微软做各种项目工作。他正是在那里遇到了许多伊朗软件工程师。这段经历让他毛骨悚然。他目睹了伊朗科学家是多么聪明,虽然其中许多人是反对该国政权,但有些人却是不反对的。"对以色列和自由世界来说,这不是件太好的事情。"他若有所思地补充道。

这仅仅是以色列需要塔皮奥特所提供的优势的原因之一。尤西确信,这项计划对于打击这些威胁、刺激经济和让以色列的科学技术处于领先地位是至关重要。"该计划招募有动力的人,把他们变得更有动力;这对以色列各个领域都有好处。只要看看毕业生的特殊素质就知道了。他们在军事上取得了成功,然后进入了学术界、产业界、初创企业、大公司、小公司的优秀场所,还有一些人留在了以色列国防军。这一切对国家都好。"

第20章
展望未来

以色列的未来，甚至是不远的未来，永远都不明朗。政治在变革；虽然右派和中右派力量占主导地位已经有十多年时间，以色列政治的转变是不可避免的。与巴勒斯坦人和广大阿拉伯世界的和平谈判来了又去。即使在最精明的分析中，"阿拉伯之春"的影响，以及在中东地区新的爆炸性剧变，包括极端组织"伊斯兰国"在内，也无法预测。以色列与世界其他国家的关系不断地发生波动。

在以色列内部，也存在预算问题。在 2013 年，以色列国防军被迫裁减数百名军队职业人士。前参谋长本尼任期于 2015 年 2 月结束，他曾给 250 人分配寻找省钱方法的任务，因为以色列国防军正在运行 200 亿谢克尔的赤字。在 2017 年，与美国的一项对外援助协议终结了。在美国政治中的外交政策重点正在改变的时代，这一期限越来越近。虽然美国法律说，美国必须帮助以色列保持对其邻国的军事质量优势（第 110 届国会的《海军舰艇转移法案 HR7177》及其他），当涉及国会开支法案时，没有什么再是万无一失的了。

以色列国防部现任领导人，前参谋长摩西·亚龙十分了解这些挑战。在 2013 年的一次讲话中，他强调需要保持与中东其他国家的巨大技术优势，并且说必须优先考虑发展精确火力、无人驾驶飞机和其他无人防卫系统、情报能力和网络战。

效率是保证以色列安全的关键因素之一。如人力、支出、高等教育和技术部署的效率。对以色列来说，幸运的是，效率并非是阿拉伯人擅长的领域。塔皮奥特第三期毕业生，MAFAT 顾问和生物科学高管多尔·奥佛尔（Dror Ofer）说："我们周围的阿拉伯人正在衰落……我们在效率上占了上风。"他用一个也只有塔皮奥特训练出来的生物科学家/军事专家会用的等式解释了这一说法："想象所有的阿拉伯军队是非常有效的，运行达到 80% 的最佳效率。由于最高效率是 100%，即使我们的军队达到了这一点，我们和他们相比每名士兵的效率也将只会高出 1.25(= 100/80)倍。由于他们相对于我们的数字优势大于 1.25，他们可以轻而易举地以两倍于我们的军队击败我们。现在，想象一下阿拉伯军队效率极低，以 1% 的效率运转。如果我们的军队的效率是 10%，它每个士兵的效率仍然是非常低的，但比阿拉伯人好十倍，因此我们占了上风。"他苦笑着补充道："如果我们是被 3 亿瑞士人包围着，我们将会有大麻烦。"

就在几年前，为了提高效率和强调军事技术的重要性，以色列国防军将使用计算机摧毁敌方基础设施的士兵称号改为"战斗士兵"。以色列媒体上爆发了大量的猜测，《耶路撒冷邮报》的一篇文章推测，这种称号是"承认以色列的网络单位被用于攻击目的，而不仅是防御目的"，以色列国防军没有做出评论。

替以色列国防军把所有这些独特的资源都粘在一起的是塔皮奥特，虽然该项目的费用一直受到监督。埃里克·泽尼亚克（兼职战斗机飞行员和全职高技术企业家）讨论了以色列国防军在塔皮奥特军校学员身上以相对较小的投资，换取重大收益。"塔皮奥特对未来来说是绝对必要的。军队在做什么？为这三四十个孩子接受学术培训支付费用？这是微不足道的。他们正在建立一支真正致力于研究和开发的团队。一名空军飞行员在一周内烧的钱比整个塔皮奥特计划一年的花费都要多。所以我不认为它是个昂贵的计划。它很便宜，结构非常巧妙，但投资回报率非常高。"

未来哪些项目可能会利用塔皮奥特毕业生？他们肯定会与战斗情报部队更正式和更密切地合作。它由三个不同的营组成，其中包括沙哈夫——它与北方司令部合作，内谢尔——在非常繁忙的南部，与加沙交界，和逆参——在该国中部地区，其中包括西岸。这些单位使用复杂的新技术来监视和拦截敌人的通信，而不会把士兵置于危险境地。闭路电视摄影机的目的是在可疑恐怖分子或其他人接近边界或指定的非军事区域时,向地面上的部队发出警报。这些技术对以色列来说特别有价值,因为国防军不再需要部队在这些危险区域进行边界巡逻。过去边境上的士兵对恐怖分子来说一直是坐以待毙。现在这些士兵可以在相对安全的环境中等待着对战斗情报部队向他们发出的警报做出反应。

鹰特种部队指挥官在 2013 年对《耶路撒冷邮报》说:"我们被称为加沙的老大。我们能看到一切。我们看到哈马斯越来越强大并且在做准备。我们看见他们在观察我们。"

在 2014 年夏天的加沙战争期间,在以色列被称它为"磐石"(国外称作"护刃行动"),哈马斯利用了一种新的进攻性武器:隧道。这是恐怖分子以前使用过的一种武器,他们在 2006 年的袭击中利用他们的地下网络,导致了吉拉德·沙利特被俘,两名以色列人死亡。但在 2014 年,哈马斯开始把这些隧道作为其战略的更大的一部分来使用。许多以色列军事分析家评论说,以色列在空中、海上和地面上都有优势,但在地下没有。另一个人开玩笑说:"以色列应该雇佣哈马斯来修建特拉维夫地铁。"

但这些隧道当然不是开玩笑的事。有些从加沙深入到以色列领土,在基布兹农场和其他民用基础设施附近通往地面。以色列情报人员发现,这些隧道本来是供在 2014 年秋季犹太人节日前后发动"一次大规模恐怖袭击"使用的。在一条被截获的隧道内,以色列部队发现了镇静剂和手铐,打算是用于把以色列人带回加沙做人质的。

尽管以色列对这些隧道有了解，但在 2014 年却没有采取足够措施来对其进行防御。哈马斯利用它们在加沙和以色列境内成功地进行了几次袭击，造成几名以色列士兵死亡。

随着战争在耶路撒冷西南五十三英里的地方肆虐，以色列议会的科学技术委员会终于开始寻找方法来对抗隧道的威胁。委员会主席妥拉旌旗党的摩西·嘎夫尼，呼吁委员会在 2014 战争结束后立即考虑处理隧道的威胁问题，说他们期望听到有地质学、采矿和其他类似领域经验的专家的证词和想法。

塔皮奥特也开始着手制订解决方案。该隧道的威胁可能成为未来二年级学生将提交给军队高级军官的项目的重点。虽然很难说未来的解决方案将会是什么样子，但人人都同意，必须采取某种措施，让特别是在以色列南部城镇的人们能够继续在某种安全保障状态下生活。关于地下警报传感器的想法已经浮出水面，但尚没有任何具体决定。

《以色列时报》和 Walla.co.il 网（以色列的一个互联网门户网站）的记者兼分析家以及关于第二次黎巴嫩战争的书《34 天》的作者阿维·以撒卡霍夫，在《以色列时报》（2014 年 8 月）上发表的一篇文章中推测，"第一个使用防御性隧道攻击以色列国防军士兵并持续发射火箭弹的是真主党。人们可以假定，在第二次黎巴嫩战争以来的八年中，真主党在两个级别上加快了挖掘项目：黎巴嫩境内的防御性隧道和通向以色列的攻击隧道。八年的工作意味着，在下一场战争中，我们将会发现真主党战士从以色列境内的地道中走出，而不一定在边界附近。是的,与加沙相比,那里的土地更难挖掘,但可以假定,与往常一样,哈马斯做得很好的事情,真主党做得更好。"

很明显,如果没有塔皮奥特或其他地方的解决方案,在以色列的南部和(或)北部进行更多的隧道袭击的可怕预期可能会在悲剧中结束。在许多方面,技术解决办法只是以色列应对隧道威胁的第一步。在与哈马斯的三天停火协议生效后的一次新闻发布会上(2014 年 8 月 6 日),内塔尼亚胡总理将他向该国和世界媒体讲话的大部分篇幅都用于讲该隧道威胁:"以色列正在努力创造技术手段来定位那些将伸及我们领土的新隧道。"

塔皮奥特训练的士兵还利用他们的技术专长,在以色列—加沙边界部署了数十门遥控炮,这些武器由几英里外的指挥所里的士兵操控,通常是经过专门训练的女兵部队。这些枪炮还有助于削减以色列为确保恐怖分子不越界而需要派遣的地面部队的数量。

虽然边界战斗是当然的优先事项,远程战斗也同样如此。塔皮奥特毕业生参与帮助以色列空军为美国制造的 F35 战斗机做准备,这将取代旧的 F16 战机。F35 飞行员将会拥有的一个主要工具是由以色列公司埃尔比特系统设计的头盔显示系统。埃尔比特及塔皮奥特工程师和工作人员正在与美国国防公司罗克韦尔柯林斯开展这个项目。未来的战斗机飞行员头盔从机载照相机给飞行员提供照片,让他更好地看清目标、物体和障碍,以及飞机的机械状况和表现。

著名的塔皮奥特毕业生和 MAFAT 主管奥菲尔·肖汉姆在机器人领域的投资越来越多。他不相信机器人在以色列国防军中会取代士兵。但他深信，到 2020 年，机器人将会在战斗中担当更多角色，并将首先进入敌对领土，以减少以色列人的伤亡。他在 2012 年告诉《国土报》记者阿莫斯·哈雷尔，"更多的机器人不会取代战士……但无人驾驶的地面战车将会担任高风险的任务，你可以派它们深入远处的敌方领土，作为一种前卫，观察情况并射击的车辆。这种情景在可预见的将来会发生。"肖汉姆设想在地面上存在更多的机器人，无人驾驶地面车辆在某种意义上与以色列世界级的无人驾驶飞行器机群几乎相当。

MAFAT 机器人部门的主管是加比·多布雷斯科中校。他说，许多无人车已经投入使用；有几辆无人车正在加沙边界沿线帮助执行监视任务，另一些无人车则在西岸阿拉伯地区附近协助部队执勤。他认为，地面无人车将在未来更多地用于发现和引爆路边炸弹和地雷。它们也将被用于城市地区，以吸引火力，帮助以色列国防军找到敌人。在国防部发布的一份新闻稿中，多布雷斯科中校说："机器人有时会在部队前面，打开狭窄小巷等具有挑战性的道路，并协助后勤支援。机器人可以帮助减轻士兵的负担，因此如果士兵面临战斗，他或她可以就做出适当的反应。"他还说，在未来，"无人车将配备障碍检测传感器、摄像头和其他工具，无人车将能够识别障碍并绕过他们。"塔皮奥特在开发空中和地面遥控战车方面也处于技术的前沿。

塔皮奥特毕业生还将继续在以色列国防军之外产生重大影响，尤其是把以色列经济推向新的高度方面。2013 年夏天，在耶路撒冷的一次旅行中，思科首席执行官约翰·钱伯斯说，以色列将成为世界上首个数字国家。以色列的创新者和企业家们，要么正在建设许多网络，要么帮助、资助正在网络建设的塔皮奥特毕业生，正在把越来越多的经济领域用网络联系起来。它将会影响医疗系统、经济，以及人们在家里的沟通、学习和做生意的方式。

塔皮奥特学员尚未产生影响的一个领域是政治世界。迄今为止，没有任何一位毕业生在以色列的政治体系中掀起波澜，但这可能有一天会发生改变。每一位塔皮奥特人都很关心这个国家，而且很可能就像他们改变了军事机构一样，一位塔皮奥特毕业生也很可能改变其政治版图。

尽管伊朗不断威胁"以色列将被从地图上抹去"，但在本书创作中，被采访的塔皮奥特毕业生当中，很少有人认为伊朗是以色列最大的问题。阿维·泊莱格上校把他的军队和塔皮奥特经验变成了一种在全球私立教育中的职业，当被问及伊朗崛起的力量时，他笑了。他说："对以色列来说伊朗现在不构成军事问题。我不担心伊朗的炸弹或巴勒斯坦人。对我来说，最可怕、最麻烦的事情是我们社会中正在进行的过程。我们在历史上经受了非常严峻的挑战，因为我们内部非常强大。如果你在一个社会的内部运作中看到裂痕，这是最危险的。"

他所暗指的"裂痕"之一是日益增长的极端正统派人口与

一般社会之间的裂痕。由于极端正统派自 1948 年起就被免除服兵役义务（当时他们的人数相对较少），沸腾的民怨转而成为新闻媒体里的尖刻讥讽。关于建议征召他们入伍的激烈辩论更加扩大了文化鸿沟，削弱了国家的统一。塔皮奥特人也更担心经济失衡，以及以色列内部的犯罪和腐败，而不是伊朗的核弹。

但社会问题并不像军事威胁那样能抓住新闻标题。巴拉克·本－埃利埃泽尔告诉以色列财经日报《创造者》（ *The Maker* ），"教育和社会问题也许不太引人注意，但它们就像安全问题一样尖锐。它们是内出血问题，而不是外部出血，因此更难抓住它们并暴露它们。"

他暗示教育是对以色列构成威胁的另一种"裂痕"，令人惊讶。但以色列的教育是今非昔比了。在最近的一项对六十五个"发达"国家青少年的研究中，以色列在数学方面与克罗地亚和希腊并列第四十一。在科学方面，以色列的排名也只有第四十一。如果说有两个领域以色列根本落后不起的话，那就是数学和科学。对于一个以创新为荣的国家来说，这两者都是至关重要的，它需要创新才能生存。

也许需要一种类似塔皮奥特的方法来修复以色列的教育制度。这是阿维上校已经在倡导的一种方法，他在为以色列内外的学校提供咨询时，把塔皮奥特作为榜样。

大卫·库塔索夫，芝加哥大学的一位温文尔雅、讲话和声细语的弦理论物理学家，在描述他的工作时问道："你有没有看过电视剧《生活大爆炸》(The Big Bang Theory)？我的工作和那个阴阳怪气的瘦子谢尔顿·库珀的一个样,我的工作是搞清楚宇宙是如何形成的。"

大卫认为塔皮奥特将继续在研究领域中领先,而且他知道为什么。"塔皮奥特所做的研究通常是原创性的。如果没有塔皮奥特,我就不会成为那么好的研究员或物理学家,它赋予你力量。"

"我现在看到的很多孩子,即使是在美国顶尖的大学里的孩子,都过于传统,而缺乏原创精神。在塔皮奥特,他们会把它从你身上敲打出来并推动你走向原创。现在让我们来看看美国的教育系统。我女儿被麻省理工学院工程专业录取了。但在她的班级里,只有她想成为一名工程师。其余的人想拿到MBA学位,但他们只是随大流,申请了麻省理工学院。还有个例子:在曼哈顿,你需要上对了学前班才可能去上道尔顿中学,去上哈佛,去合适的法学院。该系统培育的是无原创精神的专业人士,它只能让你走到这一步。"

"美国最重要的科技领袖似乎根本没有完成大学学业。史蒂夫·乔布斯退学了。比尔·盖茨退学了。看看所有这些在信用违约互换上下赌注的MBA们吧。难道没人问'这是个好主意吗?'这个制度孕育的是追随者而不是领导者。"

"另一方面,塔皮奥特始终如一地培育领导者。塔皮奥特强调原创性。他们叫人来告诉你军队的某个分支在发生什么事情,然后问你将如何以不同的方式去做。他们一直在挑战你。它存在于该项目的基因当中。"

从塔皮奥特诞生开始，那些"基因"就推动了该计划及其毕业生实现超预期和空前的突破。将来有一天，这些青年男女无疑将开始影响以色列的政府和政策，甚至可能改善和平的前景。随着塔皮奥特校友在各个领域扩大他们的影响，从教育到国防，到在耶路撒冷的权力殿堂，以色列有希望在未来的许多世代都会国泰民安。

附录一
时间线

日 期	历 史 事 件	塔皮奥特事件	塔皮奥特毕业生的成就
1918/1919	第一次世界大战结束。奥斯曼土耳其帝国在巴勒斯坦的统治终结。国际联盟委托英国统治巴勒斯坦		
1924		菲力克斯·多森出生于南斯拉夫	
1927		绍尔·亚兹依夫出生于英国托管下的巴勒斯坦	
1947.11.29	联合国同意由阿拉伯人和犹太人分治巴勒斯坦		
1948.5.14	以色列建国。美国承认以色列		
1948—1949	以色列遭受周围阿拉伯国家攻击。独立战争最终以与埃及、约旦、叙利亚和黎巴嫩之间的停战协议而告终。耶路撒冷由以色列与约旦分治		

（续表）

日　期	历　史　事　件	塔皮奥特事件	塔皮奥特毕业生的成就
1956.10	西奈战役：以色列在英国和法国支持下占领西奈半岛。后来在联合国、美国和苏联的压力下，将西奈归还给埃及		
1950s/ 1960s	阿拉伯游击队持续发动攻击；以色列国防军采取报复行动		
1967.6	六日战争。埃及封锁蒂朗海峡。以色列从埃及手中夺取西奈；从约旦手中夺取包括耶路撒冷在内的西岸地区，以及从叙利亚手中夺取格兰高地		
1967.11	联合国 242 号决议通过和平框架方案		
1967— 1970	埃及/以色列消耗战		
1973.10	赎罪日战争。以色列遭受埃及和叙利亚袭击；起初遭受损失，但最终击败埃及和叙利亚。宣布停火		
1974.4	阿格哈纳特特别委员调查赎罪日战争惨败的临时报告指出，以色列存在缺乏军事和情报准备的问题。几位高级军事将领及总理果尔达·梅厄辞职		

（续表）

日　期	历　史　事　件	塔皮奥特事件	塔皮奥特毕业生的成就
1974.11		绍尔·亚兹依夫和菲力克斯·多森教授拟定了一份文件，题为"建立一个发展新武器研究所的建议"。今天简称它为塔皮奥特项目的"启蒙文件。"多森和亚兹依夫的最初建议是在十二个月内给有天赋的新兵授予物理和数学学位，并随后指导他们为军队创造解决方案	
1974	英特尔在以色列开设办事处，为其在美国以外的首个开发办事处		
1975.7		国防部召开的一次会议考虑制定塔皮奥特计划。会议结束时，与会者同意这是个好主意，还有几个问题待解决，没有正式得到批复	
1971—1982	1971年巴解组织被驱逐出约旦并在黎巴嫩建立其基地。它对加利利居民发动袭击，遭到以色列国防军报复		
1978.3	"利塔尼"行动（Operation Litani）：以色列首次大规模入侵黎巴嫩。巴解组织撤出黎巴嫩南部并将其基地设在利塔尼河以北。联合国在以黎边界设立缓冲区		

（续表）

日　期	历　史　事　件	塔皮奥特事件	塔皮奥特毕业生的成就
1978.9	埃及与以色列签署《戴维营协议》（Camp David Accords）。埃及总统萨达特和以色列总理贝根分享 1978 年诺贝尔和平奖		
1978	在贝京总理领导下，拉斐尔·埃坦将军成为以色列第 11 任总参谋长，开启了创新时代		
1979.3	以色列—埃及签署和平协议	埃坦将军正式批准塔皮奥特并下令实施该计划	
1979 年春		塔皮奥特开始招募学员，并制定项目计划。塔皮奥特第一期学员于 1979 年夏季入学	
1981		塔皮奥特基地由帕勒马希姆军事基地迁往希伯来大学	
1978—1982	巴解组织继续其反以色列运动。以色列于 1982 年再次入侵黎巴嫩并武力驱逐巴解组织。以色列随后撤回由南黎巴嫩军（SLA）协助占领的细长边境缓冲地带		
1981	阿里尔·沙龙被任命为国防部长		

（续表）

日 期	历 史 事 件	塔皮奥特事件	塔皮奥特毕业生的成就
1982		以色列海军接纳塔皮奥特学员；期待塔皮奥特帮助其实现现代化。首批塔皮奥特学员完成三年学术训练毕业	
1982—2000	以色列国防军、真主党和其他民兵和游击队继续在南黎巴嫩交战	塔皮奥特学员被派往黎巴嫩接受指挥官和战斗训练	
1983	尤瓦尔·耐曼创立以色列航天局，他曾领导以色列科技部，在帮助塔皮奥特获得国防部批准方面起了重要作用	计算机科学被加入塔皮奥特课程	
1984		塔皮奥特开始允许女性学员加入项目	
1985	真主党，伊朗资助的黎巴嫩什叶派激进运动组织，呼吁通过武装斗争结束以色列对黎巴嫩领土的占领		
1980 年代中期		塔皮奥特毕业生首次成为项目导师，担任班级指挥。欧佛尔·亚龙成为首位领导该项目的毕业生。塔皮奥特大力招募女性学员	
1987—1993	第一次大起义——巴勒斯坦在西岸和加沙反以色列起义		

（续表）

日　期	历 史 事 件	塔皮奥特事件	塔皮奥特毕业生的成就
1988	以色列发射首颗奥菲克卫星		
1991	"飞毛腿战争"期间,伊拉克向以色列发射导弹	军事学习成为塔皮奥特学员必修课。课程包括阿拉伯与以色列冲突、现代战场和国家安全教育	
1993/1995	以色列与巴解组织达成奥斯陆协定		
1990 年 代中期	火箭弹射入以色列南部居民区中心	塔皮奥特学员首次提出铁穹防御系统概念	
1993			塔皮奥特毕业生马利斯·拿特与人合创捷邦软件科技公司。塔皮奥特毕业生伊莱·明茨、辛宏·费戈勒和阿米尔·纳坦合创"算法检"（Compugen）
1994.10	以色列与约旦签署和平条约		
1994	自杀式炸弹袭击时代开启		
1995.10	伊扎克·拉宾（Yitzhak Rabin）总理遇刺		
1996			捷邦软件科技在纳斯达克上市
1999		塔皮奥特二十周年庆典	

（续表）

日　期	历　史　事　件	塔皮奥特事件	塔皮奥特毕业生的成就
2000		塔皮奥特扩招,学员数量几乎翻倍	"算法检"在纳斯达克上市
2001			塔皮奥特学员阿里尔·麦斯洛斯创立"爬塞捂（Passave）"
2003		塔皮奥特在阿米尔·施拉赫特领导下重新设计其测试和招募系统	佳腾公司收购X科技。塔皮奥特毕业生盖·希纳尔与该公司及这桩以色列首个大型生物科技收购案联系密切
2000—2005	第二次大起义——巴勒斯坦在西岸与加沙地区举行反以色列起义		
2006.7—8	以黎冲突		
2007			塔皮奥特第14期毕业生,包括巴拉克·本-埃利埃泽尔和奥菲尔·祖哈尔,创立XIV公司,并出售给IBM公司
2008		塔皮奥特第13期开始	
2008.12—2009.1	第一次反哈马斯加沙战争（"铸铅行动"）*		

（续表）

日　期	历 史 事 件	塔皮奥特事件	塔皮奥特毕业生的成就
2011	以色列网络战争局成立,作为总理和高级网络防卫部门的顾问机制。由塔皮奥特毕业生埃威亚塔·玛塔尼亚领导		塔皮奥特毕业生梅伊尔·沙阿书亚创立波声有限公司,获得格莱美技术奖
2012.1			塔皮奥特毕业生阿里尔·麦斯洛斯与人合作开发的安诺比特被苹果公司收购
2012.11	第二次加沙战争（"防卫支柱行动"）*		
2014.7—8	第三次加沙战争（"护刃行动"）*		

* 第一次反哈马斯加沙战争、第二次加沙战争和第三次加沙战争均为以色列方的说法。

附录二
塔皮奥特的历史图档

以色列国防军前总参谋长拉斐尔·埃坦检阅部队
（由以色列国防军档案馆提供）

塔皮奥特早期电脑课（由以色列国防军档案馆提供）

诺维克教授正在给塔皮奥特的一个班讲授高等数学
（由以色列国防军档案馆提供）

塔皮奥特创始人菲力克斯·多森（由以色列国防军档案馆提供）

一个早期塔皮奥特班级聚会(由以色列国防军档案馆提供)

安哥拉内战期间搁浅的船(吉拉德·莱德勒提供)

吉拉德·莱德勒与海军船员在他的导弹舰上
（由以色列国防军档案馆提供）

吉拉德·莱德勒担任舰桥指挥官（吉拉德·莱德勒提供）

塔皮奥特第三期班级
庆祝场面（由以色列
国防军档案馆提供）

塔皮奥特学员在梅尔卡瓦坦克上受训（阿维·泊莱格提供）

塔皮奥特学员在第一次黎巴嫩战争期间在黎巴嫩接受爆炸物培训
（阿维·泊莱格提供）

塔皮奥特学员吉拉德·莱德勒和阿维·佛格尔曼在第一次黎巴嫩
战争期间在黎巴嫩休息时留影（阿维·泊莱格提供）

塔皮奥特毕业生大卫·库塔索夫于第一次黎巴嫩战争拉开
序幕后在黎巴嫩（大卫·库塔索夫提供）

塔皮奥特学员阿维·泊莱格举手（后来成为塔皮奥特指挥官）
（由以色列国防军档案馆提供）

早期塔皮奥特班级练习海滩登陆（由以色列国防军档案馆提供）

阿米尔·佩莱格
在瑞士达沃斯世
界经济论坛上
（阿米尔·佩莱
格提供）

塔皮奥特第五
期学员1985年
合影(阿米尔·
佩莱格提供)

埃拉德·费博
在班级旅行期
间站在奥斯维
辛集中营大门
口留影(埃拉
德·费博提供)

吉拉德·阿莫
吉在他Cogenra
公司安装太阳
能碟(吉拉德·
阿莫吉提供)

吉拉德·阿莫吉与英国前首相托尼·布莱尔讨论太阳能（吉拉德·阿莫吉提供）

吉拉德·阿莫吉与风险投资家文诺德·克贺斯拉留影（吉拉德·阿莫吉提供）

哈马斯开凿的由加沙地带通往以色列境内的地道细节和深度
（以色列国防军发言人办公室提供）

2012 年 11 月"防卫之柱"行动期间,铁穹反导弹炮组实战情景
（以色列国防军发言人办公室提供）

哈阿南·格芬(右)在实验室工作(哈阿南·格芬提供)

哈阿南·格芬与塔皮奥特同学 1981 年在内盖夫沙漠进行炮兵训练；
由左至右：史罗莫·多布诺夫、奥佛尔·肯洛特、尤瓦尔·耶胡达
尔、哈阿南·格芬(哈阿南·格芬提供)

前总参谋长本尼·甘茨与国防部长摩西·亚龙于 2013 年出席为 8200
部队战士举行的一个仪式（以色列国防军发言人办公室提供）

亚当·卡利夫（左起第二）与塔皮奥特第十八期班学员在内盖夫
训练期间留影（亚当·卡利提供）

欧非尔·卡-奥兹 **1992** 年在塔皮奥特学习时正在做化学试验
（欧非尔·卡-奥兹提供）

欧非尔·卡-奥兹与易安信以色列团队成员
2011 年在其贝尔谢瓦办公室外留影（欧非尔·卡-奥兹提供）

塔皮奥特第九期学员 1990 年在进行坦克战训练；
由左至右：欧代德·戈夫林、盖·巴尔-纳霍姆和
盖·莱维-尤里斯塔（盖·巴尔-纳霍姆提供）

塔皮奥特学员马坦·阿哈兹在进行狙击手训练（马坦·阿哈兹提供）

以色列 2007 年 6 月 11 日发射奥菲克 7 号卫星
（以色列国防军档案馆提供）

作者致敬

每当写一本关于一个敏感军事计划的书或一篇详细的文章时，作者都会欠很多不能透露姓名，但为项目研究提供了巨大帮助者的人情债。以色列制定了严格的安全规则，以保护其飞行员、间谍特工人员、军事分析家、国防行政人员、军官、战士和科学家的身份。以色列国防军的塔皮奥特计划是一份全明星名单，由一支高效且强大的战斗部队所必需的所有构成部分组成。

我要感谢那些帮助我了解信息和做研究的男男女女，他们确实帮助我理解了以色列国防军这部机器是如何运作的。虽然因为安全原因而不能提及其中许多人的姓名，而另一些人则没有适当的权限与记者交谈，但他们的贡献对这本书至关重要。

这份名单包括前摩萨德工作人员，他们花时间给了我很大帮助；来自以色列军事承包商的管理人员，大大小小都有；以色列国防军发言人办公室的前成员，他们在时间上很大方，但仍然需要遵守某些主题的保密规则；还有现任的战地指挥官、空军飞行员、前海军军官、几位现役塔皮奥特战士，以及在以色列国防军及其各个分支机构和国防军预备役部队服役的几名塔皮奥特毕业生。

他们曾经并继续如此勇敢地为他们的国家效力——在战场上指挥精锐部队，随时为下一场战争做好准备，且总是努力领先以色列周围的敌人十步。

所幸的是，有许多人很亲切地允许我使用他们的名字。我要特别感谢以下塔皮奥特毕业生：

吉拉德·阿尔莫吉（Gilad Almogy）

莫尔·阿米塔依（Mor Amitai）

马坦·阿哈兹（Matan Arazi）

尤西·阿扎尔（Yossi Azar）

尤里·巴尔卡依（Uri Barkai）

欧代德·巴尔·莱夫（Oded Bar Lev）

兹维·贝尔斯基（Ziv Belsky）

罗恩·伯曼（Ron Berman）

萨尔·科恩（Saar Cohen）

埃里克·泽尼亚克（Arik Czerniak）

塔尔·德克尔（Tal Dekel）

兹维卡·迪亚门特（Zvika Diament）

罗特姆·艾尔达（Rotem Eldar）

巴拉克·本-埃利埃泽尔（Barak Ben-Eliezer）

埃拉德·费博（Elad Ferber）

吉迪恩·佛斯蒂克（Gideon Fostick）

玛丽娜·甘德琳（Marina Gandlin）

哈阿南·格芬（Ra'anan Geffen）

科比·卡敏尼兹（Kobi Kaminitz）

亚当·卡利夫（Adam Kariv）

奥佛尔·肯若特（Opher Kinrot）

乔拉·科恩布劳（Giora Kornblau）

欧菲尔·卡-奥兹（Ophir Kra-Oz）

大卫·库塔索夫（David Kutasov）

吉拉德·莱德勒（Gilad Lederer）

罗恩·米洛（Ron Milo）

伊莱·明茨（Eli Mintz）

马利斯·拿特（Marius Nacht）

多尔·奥佛尔（Dror Ofer）

阿米尔·佩莱格（Amir Peleg）

巴拉克·佩莱格（Barak Peleg）

阿维·泊莱格（Avi Poleg）

波阿兹·利频（Boaz Rippin）

阿米尔·施拉赫特（Amir Schlachet）

哈盖·斯克尼科夫（Haggai Scolnicov）

盖·什纳尔（Guy Shinar）

塔尔·斯洛博德金（Tal Slobodkin）

阿维夫·腾特诺医生，医学博士（Dr. Aviv Tuttnauer, MD）

欧佛尔·亚龙（Opher Yaron）

盖·莱维-尤里斯塔（Guy Levy-Yurista）

奥菲尔·祖哈尔（Ofir Zohar）

特别鸣谢：阿蒙·戈夫林（Amnon Govrin），塔皮奥特毕业生欧代德·戈夫林（Amnon Govrin，已故）的弟弟。

早期管理者/组织者

尤阿夫·多森（Yoav Dothan），塔皮奥特创始人菲力克斯·多森（Felix Dothan）之子

乌兹·埃拉姆（Uzi Eilam）将军，MAFAT 前主管

伊扎克·本-以色列（Yitzhak Ben-Israel）将军，MAFAT 前主管

本吉·马赫尼斯（Benji Machnes）上校，早期创始人，来自空军

哈诺·扎迪克（Hanoch Tzadik），项目早期管理者，担任心理学家

项目早期观察家/前战士

奥德利亚·科恩（Odelliah Cohen）

梅达德·慕斯咖尔（Meidad Muskal）

政府雇员,外交部

欧仁·阿诺力克(Oren Anolik)

本雅明·克拉斯纳(Benjamin Krasna)

军方发言人办公室

艾伊坦·布和曼(Eytan Buchman)上尉

科伦·哈伊沃夫(Keren Hajioff)上尉

阿维塔尔·雷博维(Avital Leibovich)上校

利比·威斯(Libby Weiss)

利摩尔·格罗斯-威布赫(Limor Gross-Weisbuch)中校

国防承包商

大卫·以斯海(David Ishai),拉斐尔

诺佳·那德勒(Noga Nadler),以色列航空工业公司

行业联系人

马丁· 戈斯特尔(Martin Gerstel),风险投资人

尤西·格罗斯(Yossi Gross),瑞博医疗

沙霍那 · 贾斯特曼(Sharona Justman),STEP 战略顾问
公司

教授/历史学家/记者

大卫·霍洛维兹(David Horovitz)

阿里尔·奥素利凡(Arieh O'Sullivan)

亚伯拉罕·拉比诺维奇(Abraham Rabinovich)

阿米尔·哈帕泊特（Amir Rapaport）

乔纳森·林霍德（Jonathan Rynhold）教授

绍尔·沙依（Shaul Shay）上校

若嫩·贝尔格曼（Ronen Bergman）

罗恩·施莱佛尔（Ron Schleifer）

流行文化观察家

阿萨夫·哈雷尔（Asaf Harel）演员/制作人/作家

以色列国防军档案室工作人员

以色列驻纽约总领事馆

沙哈尔·阿扎尼（Shahar Azani）

科伦·格尔芬德（Keren Gelfand）

鸣　谢

如果没有夏洛特·弗里德兰和伊扎克·弗里德兰,这本书是不可能写成的。他们耐心地教我如何安排本书的结构以及他们在改写方面提供的帮助对我来说是非常宝贵的。我将永远无法找到适当方式来感谢他们。你们都是优秀的编辑和优秀的人。谢谢。

我要感谢格芬出版社的依兰·格林菲尔德、林恩·多乌艾克、拉斐尔·普莱德和埃丝特·施沃尔兹-依夫吉对我本人及本书的信任以及出版了此书。自我多年前向他发送第一封推销邮件开始,我觉得依兰很了解我对这本书的构想以及我对这个故事的热情。

在耶路撒冷的耶胡迪特·辛格尔,在帮助我联系以色列的重要的人物,搜寻和发现无法找到的文件并翻译这些文件方面提供了巨大帮助。如果没有她,我将会还坐在耶路撒冷图书馆冰冷的地板上,翻阅着我的英语—希伯来语词典。

我要感谢以色列国防军发言人办公室的许多人，包括阿维塔尔·雷博维上校、利摩尔·格罗斯-威布赫上校、艾伊坦·布和曼、科伦·哈伊沃夫、利比·威斯。在国防部，我将永亏欠着几个不仅给我的建议，而且作为有价值的事实核实者……其中有一位还教我如何在雨滴中穿行。谢谢。

若嫩·贝尔格曼，以色列最优秀的军事记者之一，一直很慷慨地为我提供建议和想法。

哈达萨医学中心的首席公关经理芭芭拉·索佛尔随时都为我们提供建议、策略、友谊，而且她永远有办法逗我发笑。

杰弗里·格维尔茨和史黛西·格维尔茨是极好的助手，陪我来往于以色列。我父亲迈克尔·格维尔茨为我提供的研究材料，多到我将永远无法妥善组织和存储；他孜孜不倦地努力推荐他在网上和全球各地的报纸上发现的材料。

我要感谢罗伯特·德费利斯的帮助，以图形化的方式解释我的想法供封面设计使用，以便格芬的艺术家能够把我无法付诸文字的构想制作出来。

以色列爱丽尔大学的罗恩·雷佛尔施也对如何将我的想法转变成一本书，如从哪里开始，以及整个过程中如何进行下去提供了非常有帮助的建议。

我一直非常幸运地与新闻业内一些最优秀的人在一起工作。马克·霍夫曼已经把 CNBC（美国消费者新闻与商业频道）变成了商业新闻的顶级品牌。他让 CNBC 成为一个他的所有员工都可以诚实地说，这是个让他们工作起来很有自豪感的工作场所。

我特别想感谢尼克·迪欧贡在我继续研究和写作过程中所表现的热情。尼克是我见过的最好最博学的记者之一。他的知识广博无限，不仅在内容方面，而且在管理方面也是如此。

在这个项目开始时，杰里米·品克起初给了我极大鼓励。我要感谢大卫·夫伦德和乔尔·富兰克林把我带到 CNBC。

如果没有乔纳森·华德派我作为节目制作人第一次到以色列执行任务，然后又不断派我去报道战争、和平，以及沃伦·巴菲特于 2006 年秋季对这个国家的历史性访问，这本书是不可能问世的。这些任务不仅让我有信心撰写本书，也促进了我个人在专业方面的成长。与卡尔·金塔尼亚一道在国际上工作，包括在战争时期的中东地区，以及在希腊的骚乱中，教会了我大量关于真正在压力下工作的事情。我与卡尔在战地度过的时光是我作为一名记者最得意的日子。我也有幸与 NBC（美国全国广播公司）前特拉维夫局的许多人共事，其中包括吉拉·格罗斯曼，保罗·高德曼，戴夫·科普兰和马丁·弗莱彻，他是有史以来在对以色列的报道方面最有成就的记者之一。与 CNBC 的国际记者米歇尔·卡鲁索-卡布雷拉和资深记者斯科特·科恩一起旅行和工作的经历，对我产生了很大影响。

在他不知情的情况下，我采用了本·舍伍德的书《幸存者俱乐部》(*The Survivor's Club*) 作为本书部分手稿模型。本是个非常会讲故事的人。在与他一起度过的短暂时光里，我学到了很多东西,从他讲故事的非凡能力,到让受访者为自己说话方面,让我受益匪浅。

捷邦软件技术公司的吉姆·里瓦斯在安排关键采访和获取材料方面给予了很大帮助。

《黑色九月的恐怖》(*Terror in Black September*)一书的作者戴维·拉布,在我开始写作时格外慷慨地花时间为我提供建议。

非常感谢你们所有人。